Warum Weltmacht?

Der Sinn unserer Kolonial-Politik.

Vortrag, gehalten zum zehnjährigen Stiftungsfeste
in der Abteilung Hamburg der Deutschen Kolonialgesellschaft
am 13. Februar 1906

von

Hübbe-Schleiden,
Dr. jur.

Überseeische Politik allein vermag den Grund zu legen zu einer Weltmacht Deutschlands.
(»Motive zu einer überseeischen Politik Deutschlands« »Köln. Zeitung« vom 4. August 1881.)

Hamburg,
L. Friederichsen & Co.
(Inhaber: Dr. L. Friederichsen.)
1906.

Verehrte Anwesende!

Stellen Sie sich einmal vor: vor vielen Jahren hätten Sie an der Begründung irgendeines grofsen Aktien-Unternehmens lebhaft teilgenommen, an einer Bank-Gründung, einer Dampfschiffahrt-Gesellschaft oder einer Strafsenbahn-Anlage. Sie seien aber dann durch Ihre persönlichen Geschäfte und durch Verhältnisse verhindert worden, sich an dem Ausbau und an der Leitung dieses Unternehmens zu beteiligen. Sie seien etwa gar durch Ihre eigenen Geschäfte veranlafst worden, in die Ferne zu gehen, fern von dem Sitze jenes grofsen Unternehmens. In der Ferne nun gingen Ihnen fortlaufend Berichte über den Betrieb des Unternehmens zu, an dem Sie nach wie vor lebhaften Anteil nahmen. Gutes und Erfreuliches war aber wenig unter diesen Berichten. Das machte Ihnen Ärger und Sorge.

Nach langen Jahren kämen Sie dann einmal wieder an den Ort des Unternehmens; und nun sähen Sie sich die Verhältnisse dort selbst und in der Nähe an. Sie möchten wissen, ob denn alle die Ansichten über die schlechte Sachlage, über die Unfähigkeit der Verwaltung, über die vielen Mifsgriffe und Übelstände wirklich gerechtfertigt seien, ob der Pessimismus in den beteiligten Kreisen wohl begründet sei oder nicht.

Mir scheint, verehrte Anwesende, in einer ganz ähnlichen Lage befinden wir uns heute Abend tatsächlich, wo mir zur Aufgabe gestellt worden ist, einen Rückblick und einen Ausblick auf unsere Kolonialpolitik zu tun. Von den Hansestädten, insbesondere von Hamburg aus, sind erst die Unterlagen für die deutsche Kolonialpolitik geschaffen worden. Hamburgs und Bremens Welthandel haben erst den Grund gelegt, auf dem die deutsche Weltmacht jetzt heranwächst[1].

[1] Hierzu sei nur u. a. auf das Buch von Dr. ADOLF COPPIUS, »Hamburgs Bedeutung auf dem Gebiete der deutschen Kolonial-

Es war ein Hamburger, der zuerst von Kamerun aus die Besitzergreifung des Gebietes durch das Deutsche Reich befürwortete. Es war dies — soviel ich weiſs[1] — Herr Johannes Thormählen, der damals Vertreter Woermanns in Kamerun war; und es geschah dieses im Einverständnisse mit dem Hause Woermann. Auch manche andere derartige Anregungen gingen in den folgenden Jahren von Hamburg aus. Unter anderen sei hier der Forderungen Godeffroys von deutschem Schutz für ihre Anlagen in Samoa gedacht. Hier in Hamburg ward zuerst um diese Zeit auch die Erkenntnis ausgesprochen, daſs das Anwachsen zu einer Weltmacht eine dringende Notwendigkeit sei für den Fortbestand des Deutschen Reiches, für das Fortleben des deutschen Volkes, der deutschen Sprache, der deutschen Kultur[2].

Als dann nach fünfjähriger mühsamer Agitation im Jahre 1884 endlich der Fürst Bismarck sich entschloſs, den zwingenden Vernunftgründen praktische Folge zu geben, stützten sich die ersten deutschen Land-Erwerbungen in West- und in Ostafrika und in der Südsee auf Hamburger

---

politik« (Berlin, 1905) hingewiesen. Wenn man aber auch die Vorarbeiten und die indirekten Beziehungen mit in Betracht zieht, könnte man die Anregungen zu allen wichtigen deutschen Kolonialunternehmungen auf Hamburg zurückführen. Damit sollen selbstverständlich nicht die bahnbrechenden Verdienste derjenigen Inländer verkannt werden, die seit 1878 mit uns zusammenwirkten und die eine überseeische Politik Deutschlands als solche forderten. Davon wollte man zu jener Zeit im allgemeinen in den Hansestädten nicht gern etwas hören. Damals waren wir eine sehr kleine Schar, kaum ein Dutzend Männer, die initiativ vorgingen. Nicht unerwähnt bleiben darf aber hier die »Geographische Gesellschaft zu Hamburg«, die im Jahre 1873 auf die Anregung hin ihres noch gegenwärtigen Generalsekretärs Dr. Ludwig Friederichsen begründet ward. Es nahmen an ihr die hervorragendsten überseeischen Handelshäuser teil, so Gaiser & Witt, J. C. Godeffroy & Sohn, Hansing & Co., A. J. Hertz Söhne, D. Lippert, Wm. O'Swald & Co., Rob. M. Sloman, G. T. Siemssen & Co., C. Woermann unter der Leitung des unvergeſslichen Bürgermeisters Dr. Kirchenpauer.

[1] So nach Coppius, ebenda S. 128, 132 und 142.

[2] So in meinem »Ethiopien«, Hamburg 1879, und in meiner »Überseeischen Politik«, 2 Bände, Hamburg 1881 und 1883. Beide Schriften sind wohl heute noch, oder wieder, ebenso aktuell wie vor 25 Jahren.

Handels-Unternehmungen[1]. Die Mehrzahl derer, die damals hier mitwirkten, sind gegenwärtig unter uns. Es wurde damals wirklich etwas Grofses, etwas sehr Grofses geschaffen, wenn auch nur in seinen Anfängen. Es ward der Grund gelegt zu einer deutschen Weltwirtschaft als der des Deutschen Reiches und des deutschen Volkes. Das Frühjahr 1884 bildet den Beginn der deutschen Weltmacht.

Manche der beteiligten Herren sind Mitglieder des Kolonialrats; aber es hat doch wohl keiner der hier Anwesenden im bisherigen Verlaufe unserer Kolonialwirtschaft einen wirklich mafsgebenden und verantwortlichen Einflufs auf sie ausgeübt. Die Verwaltungs-Grundsätze sind von der Kolonialabteilung in Berlin aufgestellt worden, und die Ausführung haben die Beamten und die Offiziere in den Kolonien selbst besorgt. Als dritter Faktor wirkte noch der deutsche Reichstag mit. Der wirkte allerdings meist nur als eine Bremse der Verwaltung oder als »ein retardierendes Motiv« (wie GOETHE feiner sagen würde).

Man kann wirklich unsern Reichstag mit der Generalversammlung eines Aktien-Unternehmens vergleichen. Unsere Kolonialpolitik ist eine weltwirtschaftliche Unternehmung unseres Volkes, unseres Reiches. Hierbei kommt der Reichstag als die letzt-entscheidende Instanz in Betracht, insofern er die Verfügung über die finanziellen Mittel zu bewilligen hat oder ablehnen kann. Aber leider zeigte sich der Reichstag oft als eine Generalversammlung, deren Mehrheit für die eigenen Kolonialgeschäfte unseres Reiches, für die Lebensfrage unseres Volkes, nur ein sehr geringes Interesse und Verständnis hatte, — eine Generalversammlung, die sich scheute, die notwendigen Kapitalanlagen und Kostenauslagen zu machen, um dereinst für Deutschlands Volkstum eine unermefslich fliefsende Dividende des Reichtums und der Weltmacht zu gewinnen.

Fragen wir uns: Woran liegt es eigentlich, dafs wir bisher mit unserer Kolonialpolitik nicht recht vorankommen?

[1] Nicht ganz klar ist COPPIUS' Bemerkung (S. 112), dafs man damals »auch in Hamburg über die kolonialen Absichten der Regierung in Unkenntnis« gewesen sei. Die Öffentlichkeit allerdings durfte damals von unserem Vorhaben nicht unterrichtet werden, weil uns England sonst zuvorgekommen wäre. Aber was getan wurde, geschah unter Mitwirkung der beteiligten Handelshäuser.

Woran liegt es, dafs sogar die besten Freunde unserer Bewegung und die besten Kenner der Verhältnisse noch unzufrieden und bedenklich dreinschauen, auch ganz abgesehen von den Schwierigkeiten, die uns aus den Aufständen in Südwest- und Ostafrika erwachsen?

Können wir uns diese Frage möglichst klar und kurz beantworten, so mag die Erkenntnis auch vielleicht zur Besserung der Sache beitragen. — Mir scheint nun, dafs man unsere Schwierigkeit wohl in das eine Wort zusammenfassen kann: Der Mangel unserer bisherigen Kolonialpolitik ist, dafs ihr unser alter hanseatischer Geist fehlt.

Sie alle werden leicht verstehen, was mit dem »hanseatischen Geist« gemeint ist. Es ist dies der Geist des Welthandels, des Weltverkehrs, die wirtschaftliche Tatkraft, die sich »übersee« betätigt, die auf Grund von praktischen Erfahrungen weltwirtschaftliche Werte schafft, und die sich in gemeinsinnigen Unternehmungen zeigt.

Dieser Geist ward anerkannt vom Fürsten BISMARCK. Aber als einst Dr. CARL PETERS ihm den Vorschlag machte, die Kolonialabteilung des Auswärtigen Amtes nach Hamburg zu verlegen, lehnte er dies ab. Ich weifs nicht, ob das zu bedauern ist. Der Ort allein würde den Geist noch nicht bedingt haben. Es kommt vielmehr an auf die Grund-Anschauungen und auf die Welt-Erfahrung.

Das aber ist es, worin sich gerade im Reichstage oft der Mangel zeigt. Dort wird von Herren mächtiger Parteien so viel über koloniale Dinge geredet, für die sie nicht das praktische Verständnis haben. Freilich sind die Herren schlimm daran: sie müssen reden und sogar entscheiden. Irgendwelche eigene Erfahrung können sie nicht haben. Selbst ausführliche Berichte können diese nicht ersetzen. Überseeische Verhältnisse sind kulturell ebenso himmelweit von den heimischen verschieden, wie sie es geographisch sind; und doch: was bleibt den Herren anders übrig, als sie nach den heimischen zu beurteilen, die allein sie kennen. Noch unglücklicher aber ist, dafs mit dem beschränkten Gesichtskreise der eigenen Erfahrung auch oftmals der wirtschaftliche Wagemut beschränkt ist. Denn auch das Vertrauen auf eigenes Können wächst mit dem Erfolge. Selbst die klarsten Hinweise auf die entsprechenden Erfolge bei den Engländern und Holländern genügen nicht, ein ähnliches auch für uns Deutsche zu erwarten. Wer solche Erfolge selbst gesehen hat, hält ihre Wiederholung eher für möglich. Anderseits ist aber auch vielleicht ein Mifstrauen in die Leitung unserer Kolonialpolitik gerechtfertigt?!

Freilich vor allem wird die Kolonialabteilung durch den Reichstag selbst behindert und gelähmt. Unsere gröfsten Kolonien würden längst viel weiter fortgeschritten sein, wenn die erforderlichen Kosten der Anlagen von Verkehrsmitteln bewilligt worden wären. Darin war unser Marineamt besser beraten. Für die eine blofse Flottenstation Kiautschou allein hat es alljährlich fast so viel gefordert wie die Kolonialabteilung für die Verwaltung sämtlicher Besitzungen, die fünfmal so grofs sind wie das Deutsche Reich selbst. Die Kolonialabteilung war zu zaghaft, weil sie wufste, dafs sie mit der Widerspenstigkeit des Reichstages rechnen mufste. Dadurch sah sie sich genötigt, ihre Kraft zunächst fast einseitig auf die Verwaltung zu beschränken. Die Bewirtschaftung trat dadurch in den Hintergrund; und der Hauptzweck der Kolonialpolitik, die wirtschaftliche Entwicklung und Ausbeutung der Kolonialländer, wurde vernachlässigt. Dadurch wurde die Abteilung noch mehr in die ihr schon von Haus aus eigene fehlerhafte Richtung gedrängt, ihre Leistungen in der Ausbildung des Bureaukratismus zu suchen. Denn nicht nur unseren Volksvertretern, auch der Kolonialverwaltung fehlt bisher der alte hanseatische Geist, der allein aus überseeischen Besitzungen eine Weltwirtschaft erblühen machen kann.

Eine Bureaukratie kann wohl Beamten-Paradiese schaffen, aber keine Kolonien. Die Kleinlichkeit des bureaukratischen Systems verbraucht die Kräfte unnütz. Zeit und Kosten werden nur vergeudet. Mit der vielen Schreiberei wird nichts erworben, nur verdorben. Ein Heer von juristischen Beamten wird hinausgesandt um zu »verwalten«, wo noch gar nichts zu verwalten ist. Der kleinste Lappen einer Rechnung draufsen von ein paar Mark wird daheim durch den Rechnungshof des Deutschen Reichs geprüft. Zentnerweise werden diese Lappalien von übersee nach Berlin geschickt. Über dieses wichtigste Geschäft der Rechnungs-Ablegung und Rechnungs-Kontrolle wird versäumt, die wirtschaftliche Erschliefsung und Verwertung der Kolonialländer auf alle mögliche Weise zu begünstigen und zu fördern[1]. Polizeiliche Bevormundung vertreibt oder erdrückt die wirtschaftlichen Elemente, statt in kluger und sparsamer Weise darauf bedacht zu sein, so bald als möglich die Ansiedler ihre eigene Verwaltung selbst tragen zu lassen und nur ihnen starken deutschen Schutz zu bieten.

In Ostafrika nennt man die Unwirtschaftlichkeit dieses Bureaukratismus das »System Soden«. Aber dieser Name kennzeichnet ja nur das Werkzeug, nicht die Herkunft dieses Übels. Jedenfalls ist aber dies der Typus dessen, was sich als der Mangel des alt-hanseatischen Geistes darstellt[2].

Daſs in unserer Kolonialpolitik überdies eine fortlaufende Reihe von Miſsgriffen im groſsen und im kleinen begangen worden ist, wird jedermann bekannt sein. Wenn wir nicht etwa das Geschäft der Schönfärberei betreiben, müssen wir uns eingestehen, daſs unsere Kolonialpolitik uns eine Reihe von Ereignissen gezeitigt hat, von denen jedes einzelne wohl Einem leicht die Galle überlaufen machen kann.

Nur als ein Beispiel dafür, wie alle schwerwiegenden Fehlzüge unserer Kolonialpolitik auf Mangel an Erfahrungen und an praktischem Sinn zurückzuführen sind, möchte ich hier kurz den kostspieligsten Miſsgriff erwähnen, den wir bisher erleben muſsten. Ich meine die servile Behandlung der Naturvölker in Südwestafrika an Stelle einer organisatorischen Macht-Entfaltung, die den Eingeborenen keine Möglichkeit und keine Lust an einem Aufstande hätte aufkommen lassen.

Freilich sind durch diese zu nachgiebige und zu sorglose Politik den Eingeborenen gegenüber, insbesondere in Südwestafrika, nicht nur dem groſsen Publikum, sondern

---

[1] Hierüber äuſsert sich treffend auch Professor Dr. Helfferich, »Zur Reform der kolonialen Verwaltungs-Organisation«, Berlin 1905, S. 34.

[2] Allerdings ist solcher Bureaukratismus nicht nur in Berlin zu Hause. Selbst da, wo wir Deutschen ihn am wenigsten zu suchen pflegen, auch in London treibt er einmal seine Blüten. Zeitweilig hat man damit sogar die primitivsten Teile von Südafrika, Rhodesia, bedacht. Am 1. März 1905 aber raffte sich die Verwaltung der British South-Africa Co. auf und entlieſs 120 überflüssige Beamte. Gleichzeitig gab sie Obligationen zum Betrage von 50 Millionen Mark aus, die ausschlieſslich für die wirtschaftliche Entwicklung, insbesondere für die Besiedelung des Landes, aufgewendet werden.

vor allem auch der Reichsregierung und den leitenden Beamten sowie dem Reichstage eine Fülle von verschiedenen Misſgriffen zum Bewuſstsein gekommen. Hoffentlich wird dieser schwere Fall der Wendepunkt zum Besseren. Welt-Erfahrung sollten die Beteiligten auf alle Fälle daraus ziehen. Der Hauptertrag unserer bisherigen Erfahrungen in Südwestafrika muſs aber die dreifache Erkenntnis sein: 1. daſs die servile Behandlung der Naturvölker, 2. daſs ungenügende militärische Sicherung des Landes und 3. daſs Versäumnis der Einrichtung von Verkehrs-Mitteln und von Verwertungs-Anlagen Grundfehler sind. Besonders ist der letzte Punkt eine der wichtigsten Lehren, die nicht nur die Kolonialverwaltung, sondern insbesondere auch der Reichstag hoffentlich aus dieser Kalamität gewinnen und auch nicht wieder vergessen wird, daſs nämlich ein weitblickender Kapital-Aufwand zur rechten Zeit sparsamer ist als engherzige, schwachmütige Knauserei.

Aber diese Lehren kommen uns teuer zu stehen. Auſser den Verlusten von so vielen Hunderten von frischen Menschenleben unserer besten jungen Kräfte wird der Kostenaufwand zur Befriedung und Neueinrichtung dieser Besitzung sich voraussichtlich auf 400 Millionen, wenn nicht gar auf eine halbe Milliarde Mark belaufen. Dabei ist zur Unterdrückung des jetzigen Aufstandes in verschiedener Hinsicht für Transport-Kosten mehr ausgegeben worden, als die dauernden Anlagen, die sie überflüssig gemacht hätten, gekostet haben würden. So sind etwa 35 Millionen Mark für militärische Transporte von Lüderitzbucht nach Keetmannshoop ausgegeben worden. Jetzt ist nachträglich der Bahnbau von Lüderitzbucht bis Kubub für 5050000 Mark am 15. Dezember vom Reichstag bewilligt worden. Diese Strecke ist der dritte, schwierigste Teil des Bahnbaus bis nach Keetmannshoop; die ganze Strecke hätte also jedenfalls für weniger als die Hälfte jener militärischen Transport-Kosten hergestellt sein können. Damit wäre dann ein wertvoller Teil des Hinterlandes der Verwertung zugänglich gemacht worden[1].

[1] Das hier Gesagte fand seine nachträgliche Bestätigung in einem Schreiben aus Südwestafrika, das in den »Alldeutschen Blättern« vom 24. Februar 1906 abgedruckt ist. Darin heiſst es: »Nach Ansicht der Offiziere könnte der Krieg gegen die Hottentotten längst zu Ende sein, wenn die notwendigen Eisen-

Ähnliches gilt für eine Wasserleitung in Lüderitzbucht, die sich für 2 Millionen Mark bauen lieſse. Jetzt ist für

---

bahnen Lüderitzbucht—Kubub—Keetmannshoop—Warmbad, Keetmannshoop—Windhuk und Keetmannshoop—Hasuur vorhanden wären, wenn das Deutsche Reich nicht auf alle modernen Hilfsmittel des Krieges, wie Eisenbahnen, leichte Feldhaubitzen, Fesselballon, Gefechtstelephon u. a. m. verzichtete. (Unsere kleinen, jetzt bereits ganz klapprigen Gebirgsgeschütze erregen bei den hinter Felsen liegenden Morenga-Leuten nur Hohngelächter; mit Feldgeschützen aber kann man in den Bergen nichts anfangen: auf die Felsen hinaufbringen, wie die Gebirgsgeschütze, kann man sie nicht, und von unten schieſsen, wie die Feldhaubitzen, können sie auch nicht, weil sie nur auf Flachschuſs eingerichtet sind.) — Das Wichtigste der genannten Hilfsmittel sind aber die Eisenbahnen. Unterstützen Sie doch, bitte, mit allen Kräften die spätere Weiterführung der Bahn von Lüderitzbucht nach Keetmannshoop und Warmbad im Interesse der Kolonie, im Interesse unserer industriellen Bevölkerung und im Interesse von Deutschlands Ansehen in der Welt! Auch im Interesse der deutschen Steuerzahler liegt es, wenn diese Bahnen so bald wie möglich gebaut werden. Viele Millionen Mark werden dadurch erspart. Jeder Tag Verzögerung bedeutet einen Verlust von 100 000 Mark. Die Eisenbahn ist viel billiger als der Ochsenwagenbetrieb. Nehmen wir einmal die Strecke Lüderitzbucht—Keetmannshoop: Ein Privatfrachtfahrer erhält für die Beförderung einer Ochsenwagenladung (30 Ztr.) von Lüderitzbucht nach Keetmannshoop 1500 Mark; die Ladung eines Güterwagens der Eisenbahn (200 Ztr.) kostet demnach bei Ochsenwagenbetrieb 10 000 Mark Fracht! Ein Eisenbahn-Güterwagen mit 200 Ztr. Ladung schafft den täglichen Nachschub für 1000 Mann herauf. Diese Transportkosten würden sich bei Privatochsenwagen-Betrieb demnach bis Keetmannshoop auf jährlich 3 650 000 Mark stellen. Der Staat arbeitet mit seinen eigenen Ochsenwagen auch nicht billiger, da dem Staate bei jeder Fahrt mehrere Ochsen des Gespannes zugrunde gehen und die 2 bis 3 Buren bei jedem Wagen für einen Monat — und so lange dauert eine Fahrt nach Keetmannshoop herauf und wieder nach der Küste hinunter mit Ruhetagen mindestens — jeder 300 bis 500 Mark Gehalt bekommen. Für 5000 Mann betragen die Transportkosten des Nachschubs mit Ochsenwagen nach Keetmannshoop also 18 250 000 Mark jährlich. Demgegenüber soll die Bahn bis Kubub 5 050 000 Mark kosten. Rechnet man für eine etwa doppelt so lange, aber leichter zu bauende Fortsetzung bis Keetmannshoop 9 Mill. Mark, so würde eine Bahn bis Keetmannshoop kaum 15 Mill. Mark kosten. Dasselbe Kosten-Verhältnis besteht für die anderen Strecken (Keetmannshoop—Warmbad, Keetmannshoop—Windhuk und Keetmannshoop—Hasuur). Daſs es angesichts dieser Zahlen überflüssig ist, sich darüber den Kopf zu zerbrechen, ob die Bahnen sich wohl im Frieden rentieren werden, ist klar. Das Anlage-Kapital ist dann längst wieder ganz unerhörte Kosten das erforderliche Wasser von der Kapstadt hergeholt worden. — Weiter noch: Hätte man zu rechter Zeit erträgliche Landungs-Verhältnisse in Swakopmund hergestellt, so wären uns grofse Verluste und schwer empfundene Nachteile für unsere militärischen Operationen dort erspart geblieben.

Im übrigen will ich Sie mit dem endlos langen Sünden-Register unserer Kolonialpolitik verschonen. Es kommt weniger auf die einzelnen Mifsgriffe an als auf die Grundanschauungen, aus denen sie hervorgegangen sind, auf Mängel des Systems. Dessen Grundmangel nannte ich das Fehlen des alt-hanseatischen Geistes. Eine der verderblichsten Wirkungen dieses Mangels aber bleibt besonders die, dafs solcher unwirtschaftliche Sinn die private Initiative unterdrückt.

Im Ärger über solche Unzulänglichkeiten unserer bisherigen Kolonialpolitik schlug neulich, in der Reichstagssitzung vom 18. Januar, wieder einmal ein Abgeordneter — dessen Name hier nicht festgenagelt werden soll — vor: »wir sollten unsere Kolonien, insbesondere die afrikanischen, an den Meistbietenden verkaufen.« Ja, er sagte sogar: »an den Mindestfordernden.« Dies kennzeichnet den übertriebenen Pessimismus; denn dafs England für die Abtretung unserer Besitzungen nicht obendrein Zuschüsse fordern, sondern Gegenwerte bieten würde, ist ja selbstverständlich. Aber wenn man keine nationale, sondern nur Parteipolitik treibt, wenn man nur an die Behaglichkeit des Augenblickes, nur an das Zusammenhalten des bereits erworbenen Besitzes denkt, ist solcher Kolonien-Überdrufs begreiflich. Dann ist auch begreiflich, dafs man für sich selbst wie für das deutsche Volk daran verzweifelt, dafs man sich jemals zu einem hanseatischen Geist aufschwingen wird.

eingespart, braucht sich also gar nicht mehr zu verzinsen. Der ganze Streit über das Rentieren ist überhaupt verfehlt. Man unterläfst doch auch eine Aufforstung nicht, weil erst die Enkel den klingenden Gewinn erleben werden. Darum mufs so etwas eben der Staat in die Hand nehmen. Der lebt lange genug und kann es abwarten. Wollzucht und Bergbau werden hier später viel exportieren, können sich aber erst allmählich nach Fertigstellung der Bahnen entwickeln, da sie früher keine Absatz-Möglichkeit haben.«

Was kostete es nicht für Mühe vor jetzt 25 Jahren, überhaupt erst den Gesichtskreis unseres Volkes so weit zu vergrößsern, daſs man wenigstens begriff, um was es sich denn in der groſsen, weiten Welt der Menschheit eigentlich handle! Und jetzt noch fehlt die Einsicht in die absolute Unentbehrlicheit von Kolonien für das Deutsche Reich bei einigen Mitgliedern aller Fraktionen auſser etwa bei den Nationalliberalen und den Konservativen.

Wenn man nicht spezifisch deutsch denkt, sondern allgemein menschheitlich, so hat diese Ansicht auch recht viel für sich zu sagen. Dieses, meine ich sogar, einmal von General von Liebert, unserm langjährigen Guvernör von Ostafrika, im Kreise unserer Gesellschaft in Hannover ausgesprochen gehört zu haben: Er zog, glaube ich, in seinem Vortrage die Parallele zwischen der Art, wie die Engländer die ihnen in dem Sansibar-Vertrag überlassene Hälfte von Ostafrika verwerteten, und wie wir durch die Rückständigkeit der Anschauungen in unserem Reichstage an gleichem Vorgehen in unserer Besitzung dort verhindert würden. Wäre auch das deutsche Ostafrika britisch, so würde es viel schneller aufblühen, und es würde schon in seiner Entwicklung weiter sein. Wir würden eine Eisenbahn bis an den Tanganjika haben; und die besten Landstrecken des Innern würden jetzt erschlossen sein. Groſse Kapital-Anlagen würden in das Land flieſsen. Die Arbeitskräfte würden in gröſserem Maſse, als es jetzt der Fall, für die Volkswirtschaft im Lande nutzbar gemacht sein, usw. General von Liebert ist erhaben über jede undeutsche Gesinnung, aber er hat nicht allein lebhaftes Interesse für sein früheres Verwaltungsgebiet, sondern auch ein gutes Urteil darüber.

Nun denn, wenn also die Tatsachen so liegen, dann wäre es ja doch im Interesse aller, wenn wir unser Deutsch-Ostafrika an die Engländer abträten. Haben wir doch ihnen schon die eine Hälfte überlassen; also mag der Rest noch hinterhergehen! Unseren heimischen Politikern ersparte dies viel Kosten-Bewilligungen und vielen Ärger; Land und Leute drauſsen würden dabei gut gedeihen; und England würden wir damit eine ganz ungeheure Freude machen, worauf wir ja ohnehin jetzt sehr bedacht sind.

Das war nun nicht die Meinung Herrn von Lieberts.

Sollten wir denn wirklich auch *nur* an den *Augenblick* denken und nur an die Sicherung des *täglichen Erwerbes*? Sollten wir *allein* die beste Förderung der *Länder drauſsen* und etwa noch *Englands* im Auge haben? Sollten wir wirklich unsere *gröſsten* überseeischen *Besitzungen abtreten*?

Nein! und tausendmal *Nein!* Das sagt jedem gesunden und wirklichen Deutschen schon sofort sein *National*-Gefühl, wenn es ihm sein Verstand auch nicht sofort einleuchtend macht. Wir *dürfen* unsere Kolonien ebensowenig abtreten wie etwa Elsaſs-Lothringen an Frankreich, oder Holstein und Hannover an England. — Aber auf Grund des *Gefühls* soll man *nicht Politik* machen; man muſs sich ihres *Zweckes* und der *Mittel* dazu voll *bewuſst* sein.

Also nein! — Aber *warum nicht*? Das ist jetzt die Frage. *Warum* ist die Kolonialpolitik für das deutsche Volk *notwendig*? Hat die Kolonialpolitik *Sinn* für uns: Was ist dann dieser *Sinn* unserer *Kolonialpolitik*?

Die *Motive*, die uns zu unserer *überseeischen Politik* zwingen, sind schon früher und oft wieder vorgetragen worden. Diese leiteten uns schon vor 24 Jahren, als wir die Begründung des *Kolonialvereins* erstrebten, aus dem unsere jetzige Kolonialgesellschaft hervorgegangen ist. Auf die Initiative von Dr. Friedrich Fabri[1] hin betrieben wir hauptsächlich damals die Bewegung im Rheinlande; wir begannen sie in Köln, und wir begründeten den Kolonialverein in Frankfurt unter dem Vorsitze und der einfluſsreichen Mitwirkung unseres Fürsten Hohenlohe-Langenburg, auch vieler Anderer, unter denen Miquels Name nicht vergessen werden darf. — Dieser Bewegung suchte ich durch eine Reihe von

[1] Hierzu darf nicht Fabris Schrift: »*Bedarf* Deutschland der Kolonien?« (Gotha 1879) unerwähnt bleiben; und wenn von den Anfängen unserer Kolonialpolitik die Rede ist, so dürfen nicht die Verdienste des Geheimrates von Kusserow im Auswärtigen Amte und seines Schwagers Herrn von Hansemann, des Direktors der Diskontogesellschaft, vergessen werden, — *last not least* — auch nicht die des Dr. Robert Jannasch und der Begründung des »Zentralvereins für Handelsgeographie und Förderung deutscher Interessen im Auslande« zu Berlin im Jahre 1878.

Schriften[1] und Aufsätzen vorzuarbeiten, deren Zweck die Angabe der Gründe war, die Deutschland zur Kolonialpolitik zwingen. Dies beabsichtigte auch ein Vortrag, den ich im März 1882 in Köln hielt über: »Weltwirtschaft und die sie treibende Kraft«[2]. Nicht lange vorher brachte die »Kölnische Zeitung« unter anderen meinen Aufsatz über die »Motive zu einer überseeischen Politik«[3]. Dieses ist eine Zusammenstellung der verschiedenen Gründe zur Beantwortung der Frage: Warum mufs Deutschland Kolonialpolitik treiben? Was ist der Sinn unserer Kolonialpolitik?

Diese Gründe sind mehr oder weniger noch heute stichhaltig, manche jetzt mehr als damals. Andere Kolonialländer, wie England, machen Anstalten, sich gegen uns mit ihren Kolonien zu Zollvereinen und Handelssystemen mit Differentialzöllen abzuschliefsen. Sollen unsere eigenen Kolonialländer uns dafür Ersatz bieten, dann ist es die höchste Zeit, dafs wir auf das energischste an deren Entwicklung gehen. Jene anderen Kolonialmächte sind uns um 300 Jahre voraus. Wir müssen sehen, dafs wir die versäumte Zeit vielleicht in 30 Jahren nachholen.

Die allgemeine Frage, warum überhaupt die deutsche Volkswirtschaft leistungsfähige Kolonien unbedingt nötig hat, und warum, wenn unsere Kolonien heute noch nicht leistungsfähig sind, es Pflicht unserer nationalen Selbsterhaltung ist, sie leistungsfähig zu machen, hat Professor Dr. Helfferich vor dem letzten Deutschen Kolonialkongresse in Berlin am 5. Oktober 1905 so treffend auseinandergesetzt[4], dafs dieser Gesichtspunkt heute unsere Aufmerksamkeit nicht wieder in Anspruch zu nehmen braucht.

Mir scheint auch, dafs ein anderer Grund in erster Linie wichtig ist; und dieser Grund scheint mir allein schon endgültig durchschlagend. Er tritt heute, 1906, auch noch mehr in den Vordergrund als 1882. — Deshalb will ich

---

[1] »Ethiopien«, Hamburg 1879, besonders das Schlufskapitel; »Überseeische Politik«, 1881, Bd. I durchweg, besonders S. 120 bis 142; »Deutsche Kolonisation«, 1881, Kap. 1—4.

[2] Hamburg 1882.

[3] »Köln. Zeitung« Nr. 214 vom 4. August 1881. Diese »Motive« sind hier als Anhang wieder abgedruckt.

[4] Verhandlungen des Kongresses (Berlin 1906) S. 571—584.

diesen nur hier ausführen: Der Sinn unserer Kolonialpolitik nämlich ist bereits dadurch gegeben, daſs sie völlig unentbehrlich ist als Grundlage der deutschen Weltmacht.

Die Zivilisation der Menschheit ist seit 100 Jahren schon zur Weltwirtschaft geworden. Die Entwicklung des 20. Jahrhunderts geht unzweifelhaft dahin, daſs nur noch Weltmächte im Rat der Völker Sitz und Stimme haben. Ohne Weltwirtschaft ist keine Weltmacht möglich. Ohne seine überseeische Politik müſste daher Deutschland zur Macht zweiten oder dritten Ranges hinabsinken, mag es dabei in Europa immerhin die stärkste Militärmacht bleiben. Selbst Napoleon I. unterlag mit seinem Kontinentalsystem der Weltmacht Englands; und er hätte diesem auch dann nichts anhaben können, wenn er nicht überdies durch deutsche Tüchtigkeit besiegt und überwunden worden wäre. Also, schon weil Weltwirtschaft zur Weltmacht unentbehrlich ist, muſs Deutschland Kolonialpolitik betreiben[1].

Aber dabei kommt auch noch ein anderer Gesichtspunkt in Betracht. Daſs im Verlaufe dieses Jahrhunderts, ebenso wie in allen vergangenen, Verschiebungen der Herrschaftsgebiete stattfinden werden, wird niemand bezweifeln. Dabei könnte entweder das Deutsche Reich von seinen feindlichen Nachbarn erdrückt und wiederum zersplittert werden; oder aber Deutschlands Machtsphäre kann sich um ein Mehrfaches ausdehnen. Dazu wird die Veranlassung uns sicher nur von auſsen aufgedrängt werden. Ich zweifle aber keinen Augenblick, daſs Deutschland nicht zugrunde gehen wird, daſs es vielmehr genötigt werden wird, die Grenzen seiner Herrschaft zu erweitern. Dann werden auch für unsere überseeischen Leistungen gesteigerte Anforderungen an uns gestellt werden. Diesen alsdann genügen zu können, müssen wir jetzt in unserer Kolonialpolitik lernen. Je mehr diese in Erfahrung reift, je freier und naturgemäſser ihr System wird, je mehr sie den alten hanseatischen Geist in sich ausprägt, desto besser wird unsere Weltmacht allen künftigen Anforderungen gerecht werden.

---

[1] Treffend schloſs auch Helfferich seinen erwähnten Vortrag (S. 584): »Das Deutschland der Zukunft wird eine Kolonialmacht sein, oder es wird als wirtschaftliche und politische Weltmacht nicht existieren.«

Aber auch besondere Verhältnisse erfordern die Ausbildung unserer Weltmacht durch Kolonialwirtschaft. Es könnte der Fall eintreten, dafs beispielsweise in Südafrika gerade Deutschland der Kulturmenschheit den gröfsten Dienst zu leisten hätte. Für die Engländer so gut wie für die Deutschen dort und für die ganze (fast zur Hälfte niederländische) Bevölkerung Südafrikas ist keine drohende Gefahr so grofs wie die der äthiopischen Bewegung[1]. Deren Motto ist: »Afrika für die schwarze Rasse!« Sie rührt von der urteilslosen Verhätschelung der Neger her und zielt auf nichts Geringeres ab als darauf, alle Weifsen in Südafrika umzubringen oder sie »ins Meer zu jagen«. Von solchen Versuchen gibt uns jetzt der Aufstand in Südwestafrika einen Vorgeschmack, auch der Aufstand in Ostafrika, vor allem aber die allerneueste Erhebung, die der Kaffern im Zululande und Natal. Die Bewegung gründet sich auf den Mifsgriff der Engländer und der Missionen in den letzten Jahrzehnten, dafs sie diese schwarzen Naturkinder ebenso behandelten, wie wenn sie weifse Kulturmenschen wären. Die Folge dieser Gleichbehandlung ist, dafs sich die Neger nun auch für gleichwertig halten; und da ihre Anzahl sich zur unserigen wie 4 zu 1 verhält[2], so glauben sie bald, mit uns leichtes Spiel zu haben[3]. Könnte je diese Bewegung in Südafrika siegen, so wäre es mit aller Geisteskultur dort aus. Aber wird sie siegen?

Früher fand die Überzahl der Wilden ihren Meister in dem Herrenvolk der Buren. Seit nun die Engländer

---

[1] Über diese ist die Literatur noch sehr spärlich. Deutsch hat sich am meisten Dr. Carl Peters hierüber geäufsert. Plastisch treffend dargestellt ist insbesondere sein Leitartikel in »Der Tag«, Berlin vom 4. Mai 1905: »Die äthiopische Bewegung«. Ausführlicher sprach darüber der Missionsinspektor Dr. Merensky in den Verhandlungen des Deutschen Kolonialkongresses am 7. Oktober 1905 (Berlin 1906, S. 538–549).

[2] Nach der Volkszählung vom 1. April 1904 betrug in Britisch-Südafrika die Anzahl der Weifsen 1 133 000, die der Schwarzen 4 730 000, ohne Betschuana- und Basutoland.

[3] Eine derartige Gleichwertung verschiedener Menschen nach der Kopf-Zahl, nicht nach dem Kopf-Inhalt, bedroht ebenso die heimische Geisteskultur durch unser allgemeines Wahlrecht. Danach gilt die Stimme jedes grünen Bengels ebenso viel wie die eines lebensreifen Weisen, und die eines Staatsmannes und Gelehrten gilt nicht mehr als die des Bauernjungen und Sauhirten.

diesen besten Pionieren der Kultur dort das Heft aus den Händen gerungen haben, taucht dies drohende Gespenst der äthiopischen Bewegung auf. Daſs die Engländer der brutalen Kraft dieses Naturausbruchs Herr werden oder bleiben können, ist zu wünschen, um so mehr, weil sonst mit ihnen auch die niederländisch-afrikanische Bevölkerung zugrunde gehen oder leiden würde, da sich diese jetzt nicht mehr, wie früher, auf ihre eigene Art organisiert verteidigen kann. Nach den früheren Erfahrungen der Engländer ist aber diese Hoffnung nicht sehr fest begründet. Freilich würden sie hierzu nicht einen solchen Kriegsapparat aufzuwenden haben wie in ihrem Feldzuge gegen die Burenstaaten, da zunächst die Buren mit ihnen gegen die Kaffern kämpfen würden; aber diese Wilden sind viel aggressiver als die Buren, und sie würden den Engländern nicht so viel Zeit lassen. Dazu haben sie wohl das zehnfache Menschen-Material zu opfern und sind nicht an die Begriffe völkerrechtlichen Anstandes und einiger Menschlichkeit gebunden. In dem Kriege gegen die Zulus unter Ketschewayo 1879 haben die Engländer in der einen Schlacht von Isandula allein 1400 Mann verloren[1], mehr, als wir bisher im Felde des gesamten südwestafrikanischen Aufstandes an Toten eingebüſst haben.

Wir Deutschen sammeln jetzt in Südwestafrika die militärischen Erfahrungen, wie solchem Übel zu begegnen ist. Vielleicht haben wir dereinst diese Erfahrung für die Rettung der Kultur in ganz Südafrika zu verwenden. Dann könnte die halbe Milliarde, mit der unsere Kolonialpolitik sich diese Erfahrung jetzt erwirbt, sich als eine vortreffliche Kapital-Anlage ausweisen. Denn solcher Erfolg käme dann selbstverständlich nicht bloſs unserer Weltwirtschaft zugute, sondern durch sie auch unserer Weltmacht[2].

---

[1] Wer sich leicht und übersichtlich über die Entwicklung und die Lage der Verhältnisse in Südafrika unterrichten will, findet die Haupt-Tatsachen kurz zusammengestellt bei Fritz Bley: »Südafrika niederdeutsch«, München 1898; und Paul Samassa: »Das neue Südafrika«, Berlin 1905.

[2] Dies ist einer der Gesichtspunkte, weshalb nicht unsere südwestafrikanische Besitzung speziell mit diesen Kosten des jetzigen Aufstandes belastet werden darf. Zwar sollte jede einzelne unserer Besitzungen für sich selbst aufkommen und auch für sich allein rentabel werden. Aber Südwestafrika allein für die Versehen unserer Kolonialpolitik büſsen zu lassen, wäre unbillig.

Also, deutsche Kolonialpolitik müssen wir betreiben, keinem anderen Volke zuleide, und auch keinem anderen Volke als uns selbst zuliebe. Das müssen wir tun um unserer Selbsterhaltung willen als Kulturmacht und als Weltmacht. Allen dazu nötigen Anforderungen müssen wir genügen. Die dazu erforderlichen Aufgaben müssen wir lösen. Das müssen wir lernen. Das werden wir lernen. Das ist der Sinn unserer Kolonialpolitik.

Wie aber lernen wir dies? Da es sich hier nicht um theoretisches Wissen handelt, sondern um praktisches Können, um lebendige Erfahrung, so ist diese nur durch eigene Versuche zu gewinnen. Auch ist dabei nicht sehr viel von anderen Völkern zu erlernen, weil man sich nicht durch das Wissen der Erfahrungen von Anderen deren Können selbst aneignet. Lernt doch auch der Sohn nur wenig durch die Lebens-Erfahrungen des Vaters. Jeder mufs sich selbst seine Grundsätze bilden. Überdies sind auch im Völkerleben die Verhältnisse stets individuell; und selbst wenn man die bei Nachbarn bewährten Grundsätze anwendet, handelt es sich um die richtige Anpassung an die höchstens ähnlichen Verhältnisse. Dazu kommt, dafs auch jedes Volk selbst individuell ist. Wenn Franzosen Mafsregeln der Engländer in ihren Kolonien anwenden, so wird doch etwas Anderes daraus. Noch mehr wird dieses für uns Deutsche gelten; und wer wollte uns verdenken, dafs wir uns bemühen und uns zutrauen, es schliefslich besser als die Anderen zu machen!

Also, selbst probieren! Hierbei aber hat man sich noch etwas Anderes zu vergegenwärtigen. Wahrheit geht aus dem Irrtum hervor; wenn auch das Richtige einmal sogleich gefunden würde, so wird es doch als solches erst erkannt, nachdem auch alle möglichen Irrtümer aufgestellt, damit verglichen und verworfen worden sind. So geht es auch mit praktischen Erfahrungen. Sie werden nur

---

Dafs diese nötigen Erfahrungen gerade dort gewonnen werden, ist nicht schuld des unglücklichen Landes. Andere Besitzungen versprechen gröfsere und schnellere Erträge. Die jetzt dort gewonnene Erfahrung aber kommt den übrigen Besitzungen des Reiches ebenso zugute wie Südwestafrika. Die Kolonialverwaltung und die Strategie des Deutschen Reiches haben den Vorteil davon. Deshalb mufs das Reich damit belastet bleiben.

durch Fehlzüge und Mifsgriffe erworben. Nur durch Schaden wird man klug.

Von diesem Standpunkt angesehen, sollten wir uns freuen, dafs wir in der kurzen Jugendzeit unserer Kolonialpolitik schon so aufserordentlich viele Mifsgriffe erlebt und viele Kinder-Krankheiten, hoffentlich dauernd, überwunden haben. Wenn wir unsere Erfolge mit denen der älteren Kolonialmächte vergleichen, die auf eine 300 jährige Geschichte und noch mehr zurückschauen, so sind wir wohl den Spaniern und Portugiesen weitaus überlegen, und den Engländern, Holländern und Franzosen stehen wir kaum um vieles nach.

Nun kann man aber diese Anschauung auch auf die Spitze treiben: Wenn wir nur durch Fehlzüge und Mifsgriffe vorankommen, dann wäre es ja wünschenswert, dafs recht bald möglichst viele neue Mifsgriffe gemacht würden, an denen wir noch immer wieder Neues lernen können.

Darauf sage ich, dafs ich das nicht bedauern würde, wenn nur solche Mifsgriffe nicht derart sind, dafs dadurch unsere Herrschaft irgendwo und irgendwie ernsthaft gefährdet würde. Sie kennen ja auch das Wort: »Ärgernis mufs kommen; es ist unmöglich, dafs Ärgernis nicht komme. Aber wehe dem, durch den das Ärgernis kommt!« [1]

Ich will auch nicht sagen, dafs ich gerne einer sein möchte, der eine neue Kolonialdummheit macht. Aber da bekanntlich diese Leute doch »nie alle werden«, so braucht man sich ja nicht zu solchem Opfer anzubieten. Auch sind die Gelegenheiten zu recht lehrreichen Mifsgriffen nicht gerade häufig.

Wer will auch sagen, ob noch wirklich sehr viel Neues, Ungewöhnliches für uns in der Kolonialwirtschaft zu lernen nötig ist. Dafs wir uns meistens den gegebenen Verhältnissen anpassen und praktisch Tüchtiges leisten können, haben die bisherigen Erfolge unserer Kolonisation und Kultivation hinlänglich gezeigt. Wenn man den gegenwärtigen Stand der Verhältnisse in unseren Besitzungen gerecht erwägt, wenn man bedenkt, dafs alles, was dort schon vorhanden ist, wie aus dem Nichts, in 20 Jahren erst geschaffen ist,

[1] MATTHÄUS 18, 7 und LUKAS 17, 1.

dann dürfen wir uns wirklich rühmen, dafs wir in der kurzen Anfangszeit ganz unverhältnismäfsig mehr als irgendeine der älteren Kolonialmächte geleistet haben[1].

Das relativ ungünstigste Bild zeigt uns Südwestafrika; und doch ist auch dort schon viel der Ansiedlung, der Viehzucht und dem Minenabbau vorgearbeitet. Die bisherige Erfahrung verspricht uns die besten Erfolge, sobald der Aufstand überwunden sein wird. In unseren Tropen-Kolonien ist mit Pflanzungen begonnen worden, von denen Baumwolle, Kakao und Gummi die besten Aussichten bieten; auch für den Kaffee könnten sich in günstigen Zeiten gute Erfolge erzielen lassen. Mit dem Bahnbau ist aufser in Südwestafrika auch in Ostafrika, Togo und Kamerun begonnen worden. Eine weitere Bahn für Kamerun wird voraussichtlich demnächst bewilligt werden. Für den steigenden Wohlstand der Besitzungen spricht deren zunehmender Handel. Dieser hat sich in den sieben Jahren von 1896 bis 1903 mehr als verdoppelt; und während die Einfuhr von 32,6 Millionen in 1898 auf 43,7 Millionen Mark in 1903 gestiegen ist, hat sich die Ausfuhr in derselben Zeit (schon in fünf Jahren) fast verdoppelt, von 14 Millionen bis auf 25,6 Millionen Mark steigend. Mit den privatwirtschaftlichen Erträgen der Länder heben sich auch ihre staatlichen Einnahmen. Unsere westafrikanische Besitzung Togo deckt schon gegenwärtig ihre jährlichen Ausgaben selbst.

Es wäre unrecht, zu verkennen, dafs in unseren Besitzungen tatsächlich schon recht viel geleistet worden ist. Mit diesem Eindruck kehren Alle heim, die sich dort die Verhältnisse ansehen. Unter diesen waren im vergangenen Jahre auch die Reichstags-Abgeordneten, die Westafrika

---

[1] Unverhältnismäfsig mehr, wenn man die sehr viel günstigeren Verhältnisse in den früheren Jahrhunderten erwägt, in denen jene Mächte ihre überseeischen Besitzergreifungen begannen, oder wenn man beim Vergleiche etwa der Verwertung unseres deutschen Ostafrika mit der des benachbarten britischen Landes in Betracht zieht, dafs die Engländer sich seit 300 Jahren aufser der Erfahrung auch die nötigen Geldmittel dazu im Überflufs erwerben konnten und dafs wir damit erst jetzt beginnen. — Die Kolonialgeschichte aller anderen Völker zeigt, dafs diese anfangs auch nicht weniger Fehlzüge machten als wir und verhältnismäsmäfsig viel mehr Mifserfolge dabei hatten.

auf dem Dampfer »Eleonore Woermann« besuchten[1]. Solcher Eindruck von den wirtschaftlichen Leistungen ist unabhängig von dem Urteil über die Verwaltung und die Maſsnahmen der Wirtschaftspolitik. Man könnte sagen, daſs ein Unerfahrener sich unter vorbereiteter Führung kein richtiges Urteil über die Zweckmäſsigkeit oder Unzweckmäſsigkeit der Einrichtungen bilden könne. Aber ob Einrichtungen vorhanden sind und daſs sie einem Zweck zu dienen beabsichtigen, das kann er ohne Zweifel sehen, also auch, ob überhaupt etwas geleistet worden ist. Jedenfalls wird durch solche Studienreisen doch die Urteilsfähigkeit der Reichstags-Abgeordneten um einiges gebessert; und auch dieses sollte uns für unsere Kolonialpolitik einen Aufschwung in der Zukunft hoffen lassen. Treffend sagt hierüber Dr. SEMLER[2]: »Wie wenig bedeutet doch die theoretische Arbeit von Jahren gegenüber der praktischen Erfahrung von Tagen, die wir gewonnen haben!«

Wer noch über unsere Kolonialpolitik Trübsal bläst, scheint mir sehr kurzsichtig und schlecht beraten. Allerdings war bisher das System unrichtig, und es ist es noch. Indessen scheint auch unsere Kolonialverwaltung aus der Krisis im vergangenen Herbste sich jetzt zur Gesundung zu erholen; und die Hoffnungsfreudigkeit, mit der sie jetzt von vielen Seiten angesehen wird, ist wohl berechtigt. Dafür, daſs sich das System verändern, daſs ein anderer Geist unsere Weltwirtschaft beleben wird, spricht, daſs der neue Kolonialdirektor Sohn und Erbe unseres Fürsten HOHENLOHE-LANGENBURG ist. Gibt ihm dies freilich nicht die eigene Erfahrung, so vermag es ihm doch zu erleichtern, die geeigneten Mitarbeiter zu finden und die rechten Wege zu erkennen.

Aber was sind nun die rechten Wege?

---

[1] Das von Dr. SEMLER darüber veröffentlichte Buch: »Togo und Kamerun« (Leipzig 1905) gibt diesen Eindruck wahrscheinlich in Übereinstimmung mit dem der Mitreisenden wieder. Auch das überschwengliche Urteil eines Franzosen wird dort S. 99 angeführt. Natürlich hat man dieses durch die französische Höflichkeit zu dividieren. Aber dann bleibt immer doch wohl noch ein gutes Fazit für die Togo-Kolonie. — Hierzu auch CHR. STORZ, »Reisebriefe aus Westafrika und Beiträge zur Entwickelung der deutschen Kolonien in Togo und Kamerun«. Stuttgart 1906.

[2] Ebenda S. 55.

Was ich vorhin über die bisherigen unrichtigen Wege sagte, gibt noch nicht genug die richtigen Wege an, die unsere Kolonialpolitik zu dem gewünschten Ziele führen können. Hierüber wäre wohl noch viel zu sagen; aber dies ist nicht im Augenblick notwendig, seitdem jetzt die Mehrheit des Reichstages über die Hauptgesichtspunkte einig zu sein scheint. Hat doch neuerdings sogar der Abgeordnete ERZBERGER für das Zentrum dem Programm von Dr. CARL PETERS sachlich und im wesentlichen zugestimmt. Viel Neues läſst sich über alte Binsen-Wahrheiten ja auch nicht sagen.

Daher beschränke ich mich hier auf die Angabe der Hauptpunkte. Ich vertrete dieses Programm aber um so lieber, da ich selbst bereits im Jahre 1878 eben diese Punkte ausgearbeitet und in den Vordergrund gerückt habe und da mit diesen Punkten auch die von General VON LIEBERT, Dr. ARENDT, Professor PAASCHE und Anderen aufgestellten übereinstimmen[1]. Dieses Programm kennzeichnet sich durch das Wort: »Wirtschaftliche Kolonialpolitik«.

Weltwirtschaft und Kolonialpolitik sind ein Geschäft, wenn auch keine Privatsache, doch aber das Geschäft des Reiches und des ganzen Volkes. Wie sehr dies Geschäft rentieren kann, beweisen uns England und Holland. Wenn es sich für uns nicht schnell genug rentiert, so liegt dies daran, daſs wir nicht den Mut haben, die nötigen Reichsmittel aufzuwenden. Unsere überseeischen Besitzungen sind fünfmal so groſs wie das Deutsche Reich und werden dereinst ebensoviel mehr ertragsfähig sein können. Das

[1] HÜBBE-SCHLEIDEN, »Ethiopien«, Hamburg 1879, Kap. IX, X u. XV, S. 358—375, sowie auch in wirtschaftspolitischen Vorträgen und Aufsätzen. — Dr. CARL PETERS, »Deutsch-national«, Berlin 1887, besonders S. 74—79, 91-93; »Das deutsch-ostafrikanische Schutzgebiet«, München 1895, S. 1—18, 376—418; »Unsere afrikanischen Kolonien und ihre Zukunft« in der »Deutschen Monatsschrift«, Berlin V 2 u. 3, Nov. und Dez. 1905; »Wirtschaftliche Kolonialpolitik« in »Die weite Welt«, Leipzig 1906, Nr. 21 S. 458—460. — Generalleutnant VON LIEBERT, »Die deutschen Kolonien« (Vortrag), Leipzig 1904, S. 23, und »Ein Kolonialprogramm« in »Der Tag« Nr. 612, Berlin, 9. Dezember 1905. — Dr. OTTO ARENDT und Geheimrat Prof. Dr. PAASCHE in ihren verschiedenen Reichstags-Reden und im »Tag« Nr. 57, Berlin, 1. Februar 1906 und neuerdings in Nr. 109, vom 1. März 1906.

Budget des Reiches beträgt 2406 Millionen Mark. Für die Bewirtschaftung der sämtlichen Besitzungen (ausschliefslich der Marinestation Kiautschou) werden aber jährlich nur 17 oder 18 Millionen Mark aufgewendet, also ungefähr nur $^{3}/_{4}$ Prozent von den nationalen Ausgaben. In Kiautschou allein wird ebensoviel jährlich angelegt. Es sollte aber im entsprechenden Verhältnisse für alle unsere überseeischen Besitzungen der gleiche Kosten-Aufwand je nach den Bedürfnissen gemacht werden.

Wenn auch Privat-Unternehmungen in ihrer Rentabilität mit Jahren rechnen müssen, so kann unser Reich doch mit Jahrzehnten rechnen. Dafs aber die Ertragsfähigkeit unserer Kolonien unliebsam verzögert wird, daran ist — wie gesagt — hauptsächlich unsere kurzsichtige Sparsamkeit schuld. Zeigt uns doch das Nachbarland unseres Ostafrika, das wir den Engländern überlassen haben, wie bei dem notwendigen Kapital-Aufwande der Ertrag des Landes unverhältnismäfsig mehr wächst als der unserer eigenen Besitzung[1].

Vor allem mufs nun die Regierung im System die wirtschaftlichen und die kulturellen Gesichtspunkte weit über die administrativen und die militärischen stellen; diese müssen jenen dienen. In den überseeischen Besitzungen betätigt sich der Patriotismus am wirksamsten und am nötigsten durch Geldverdienen. Dadurch wird dem Vaterlande mehr genützt als durch die überflüssige Bureauschreiberei, Rechnerei, Regiererei und polizeiliche Bevormundung im heimischen Stile.

Übersee sollte man sich auf die allernötigste Zahl von Beamten einschränken. Man sollte weniger auf deren juristische Bildung sehen als auf ihre praktische Erfahrung. Dazu bieten sich auch nicht nur andere Gelehrte

[1]) Dieses selbst in dem Mafse, dafs dadurch indirekt sogar das deutsche Ost-Afrika an Ausfuhren aus dem durch die britische Uganda-Bahn erschlossenen Inneren gewonnen hat. Die Einzel-Angaben über diese Sach-Verhältnisse, auch über den Aufschwung der Wirtschaft in unseren anderen Besitzungen durch deren Erschliefsung mittels Eisenbahnen (insbesondere Togo) finden sich in dem verdienstvollen Vortrage des Herrn Vietor (Bremen) über »Den Handel der deutschen Kolonien« auf dem letzten Kolonial-Kongresse am 6. Oktober 1905 in den »Verhandlungen« S. 629 bis 637, besonders S. 633 u. ff.

zur zweckmäſsigen Verwendung, sondern möglichst Praktiker, etwa Landwirte oder Ingenieure. Wie wenig sogar die beste heimische Erfahrung für die überseeischen Verhältnisse ausreicht, beweist der Molenbau in Swakopmund. Auch sind deutsche Beamte zu leicht davon überzeugt, daſs wenn der König oder »Gott« ihnen auf ihr Examen hin »ein Amt gibt, sie dazu auch den Verstand« erhalten hätten. Der Beamte weiſs stets alles besser als die alten Praktiker an Ort und Stelle, die schon jahrelange Erfahrung haben. Seine Miſserfolge kosten dann dem Reiche Millionen.

Insbesondere sollten auch nicht die Beamten drauſsen so schnell wechseln wie bisher. Der Beamte muſs sich einleben, muſs Lust und Liebe zu den sich ihm bietenden Kulturaufgaben haben[1]. Wenn er bei dem Amt nur an seine Beförderung oder gar an heimische Behaglichkeit und Eleganz denkt, ist er drauſsen nicht zu brauchen. In der heutigen Bureaukratie werden auch andererseits viel gute Kräfte unverwertet aufgerieben[2].

Auch in der Kolonialabteilung daheim sollten in verantwortlichen Stellen möglichst Männer aus der praktischen Erfahrung wirken. Soweit dieses noch nicht möglich ist, sollten sie mindestens durch Reisen in unseren Besitzungen und zum Vergleich auch in den englischen, französischen und holländischen, auch vielleicht in portugiesischen Besitzungen Studien gemacht haben. Am urteilfähigsten natürlich sind diejenigen, die selbst einmal für eigene Rechnung übersee gewirtschaftet haben. Dazu bieten Studienreisen auf eigene Hand auch die Gelegenheit, soweit es sich um selbständige Expeditionen in noch nicht erschlossenen Länderstrecken handelt. Dabei lernt man nicht allein die eigenartigen Naturverhältnisse, sondern vor allem auch das Menschenmaterial der fremden Rassen kennen.

---

[1] Der schnelle Beamtenwechsel ist subjektiv ebenso schädlich wie objektiv, für die Beamten selbst ebenso wie für die Landbezirke.

[2] Nachträglich sei hierzu auf das hingewiesen, was der ehemalige Bezirksamtmann Graf Baudissin, wohl aus lebendiger Erfahrung heraus, im »Tag« vom 15. Februar 1906 über die Kolonialmüdigkeit des übersee vergeudeten Beamten-Personals sagt. Dort findet sich auch u. a. der Satz: »Der wahre Hemmschuh der Entwicklung ist der Kalkulator.«

Nach diesen skizzenhaften Vorbemerkungen seien hier die *vier Haupt-Gesichtspunkte* unseres *Programms* kurz angeführt:

1. Das *Reich* mufs von *allen Landstrecken Besitz ergreifen.* Aller Landbesitz mufs sich von staatlicher Autorität herleiten. Den Eingeborenen können Reservate überlassen werden; oder sie können einzelne deutsche Besitztitel für das ihnen zukommende Land erhalten.

Man hat es beanstandet, dafs wir den Negern ihr Land wegnehmen. Dies ist eine völlige Verkennung der Sachlage. Kein Naturvolk sitzt heute auf dem Lande, auf dem es zum Volk geworden ist. Wie schon bei den *Kultur*völkern *Eroberung* das *höchste* Recht gibt, so gilt dies bei den *Natur*völkern als *einziges* Besitzrecht. Alle eignen sich je nach Bedürfnis ihre Nachbarländer an; und dabei ist es der gewöhnlichste Fall, dafs die Unterliegenden in solchem Kampf auf wüste Weise ausgerottet werden; und was überlebt, das wird in Sklaverei gehalten. *Nichts* von Derartigem ist *unser* Vorgehen. Wir nehmen ihnen nicht das Land, soweit sie es gebrauchen und verwerten. Ganz im Gegenteil, soweit sie dazu fähig sind, soll ihnen eine *bessere* Verwertung ihres Landes oder *überhaupt* erst dessen Ausnutzung *gelehrt* werden. Wir Kulturvölker haben aber nicht allein das *Recht*, wir haben selbst die *Pflicht*, solche von den Naturvölkern verwahrlosten Länder in Besitz zu nehmen, um sie nutzbar zu machen. Dadurch, dafs die Naturvölker dieses *nicht* tun, dadurch, dafs sie diese Grundpflicht *nicht* erfüllen, machen sie sich einer Herrschaft über diese Länder *unwürdig.*

An *Ansiedler* und *Gesellschaften* sollten *Landkonzessionen* nur erteilt werden gegen die Verpflichtung ihrer wirklichen Bearbeitung oder naturgemäfsen Verwertung. Daher sollten solche Konzessionen nicht von gröfserem Umfange sein, als die Übernehmer sie bewältigen können.

Mit peinlicher Geschäftsunkenntnis sind einige der Landkonzessionen in unseren Schutzgebieten abgeschlossen worden. *Nicht*, dafs solche Konzessionen überhaupt erteilt sind, ist ein Fehlzug. Auch das ist *nicht* zu beklagen, dafs man dabei *fremdländisches Kapital* selbst in beliebigem

Umfange zugelassen hat. Ganz im Gegenteil, wenn Ausländer uns helfen wollen, unsere Kastanien aus dem Feuer zu holen, sollen sie uns sehr willkommen sein; und selbstverständlich sollen sie von den Kastanien dann auch ihren Teil abhaben. Aber schmerzlich für uns sind die unverständigen Bedingungen der meisten dieser Konzessionen, fast könnte man sagen: deren Bedingungslosigkeit[1].

Sehr erfreulich ist es, dafs am 19. Januar d. J. der Reichstag eine Kommission von 14 Mitgliedern gewählt hat, um zunächst die Konzessionen in den afrikanischen Schutzgebieten zu untersuchen. Unsere Kolonialverwaltung ist verpflichtet ihre Fehler, soweit möglich, wieder gutzumachen. Den formellen Rechten der Konzessions-Verbriefungen steht hier das materielle Recht der in ihren stillschweigenden Voraussetzungen getäuschten Kolonialabteilung gegenüber. Wie bei Expropriationen mufs rechtmäfsig vorgegangen werden, aber freilich nicht nach Jobber-Recht, sondern nach der gerechten Abmessung wirklich geleisteter oder noch zu leistender Arbeit[2].

2. Die Erschliefsung und Verwertung der Länder mufs vom Reich durch die erforderlichen Einrichtungen und Anlagen aufs energischste gefördert werden. Die nötigen Verkehrsmittel, der Eisenbahn- und Wegebau, sowie auch Wasser-Regulierungen, Stauwerke, Leitungen und dergl.

---

[1] In zu scharfem Gegensatze hierzu steht die von unserem Reichs-Marineamt erlassene Landordnung von Kiautschou, das vom Deutschen Reiche auf 99 Jahre gepachtet ist. Von dem Landwert müssen erstens 6% Grundsteuer entrichtet werden; zweitens sollen alle 25 Jahre die in einer Hand gebliebenen Grundstücke mit 33⅓% des unverdienten Wertzuwachses belegt werden; und drittens werden bei dem Übergange eines Grundstückes in anderen Besitz aufser 2% Umschreibe-Gebühren 33⅓% des unverdienten Wertzuwachses an die Regierung abgeführt. Der Letzten ist dabei das »Vorkaufs-Recht« zu dem angegebenen Preise vorbehalten.

[2] Dieses sind auch die Gesichtspunkte des Arbeitsplanes, den die Kommission am 10. Februar zur Prüfung der südwestafrikanischen Konzessionen angenommen hat. — Zur späteren Beurteilung von solchen Konzessionen, insbesondere in tropischen Kolonien wird es sich empfehlen, die Erfahrungen, die die Franzosen sich hierin erworben haben, zu berücksichtigen. Einiges darüber findet sich bei Dr. Alfred Zimmermann, »Weltpolitisches, Beiträge und Studien zur modernen Kolonialbewegung«, Berlin, 2. Aufl. 1901.

müssen da, wo sich zu ihrer Herstellung sonst nicht das nötige Privatkapital auf eigenes Risiko bereit findet, unter mäſsigster Zins-Garantie beschafft werden.

Für Südwestafrika erwähnte ich bereits, daſs viele Millionen jetzt verschwendet werden muſsten, weil wir nicht rechtzeitig die notwendigen Verkehrs-Anlagen eingerichtet und damit auch die Besiedlung des Landes ermöglicht und gefördert hatten. In anderen Besitzungen zieht sich, je mehr wir mit ihrer Erschlieſsung durch den Eisenbahnbau zögern, der Handel aus den Hinterländern weg in die benachbarten Gebiete, wo bereits Bahnanlagen und sonstige Verkehrs-Möglichkeiten vorhanden sind[1].

Die Landgesellschaften sind zur Anlage der erforderlichen Einrichtungen den Umständen entsprechend zu verpflichten. Aber durchweg ist es Pflicht der Kolonialverwaltung, beispielsweise in Südwestafrika, ebenso für die Urbarmachung und auch etwa für eine forstwirtschaftliche Verwertung der geeigneten Landstrecken Sorge zu tragen, wie der Staat daheim z. B. für die Lüneburger Heide so erfolgreich sorgte.

3. Die Heranziehung von Ansiedlern, Pflanzern und Kaufleuten mit Kapital und Intelligenz muſs durch deren freieste und liberalste Behandlung erzielt werden. Beamte und Soldaten heben nicht die Kaufkraft eines Landes; dies tun nur die wirtschaftlichen Arbeiter, die tierische, pflanzliche oder mineralische Erzeugnisse des Landes beschaffen

[1] Das gilt z. B. für Ostafrika, was auch von VIETOR in seinem erwähnten Vortrage auf dem Kolonial-Kongresse nachdrücklichst hervorgehoben ward. — Die Mehrheit des Reichstages wie auch die Kolonialabteilung müssen aufhören »*penny wise and pound foolish*« zu sein. Aber selbst die Kolonialgesellschaft muſs noch mehr den deutschen Doktrinarismus überwinden. Noch kommt bei uns die Erkenntnis nicht zur Geltung, daſs Kolonial-Politik nicht ein ideelles Opfer sein soll, das wir der Kultur der Menschheit bringen, sondern ein Geschäft, bei dem das deutsche Volk an Reichtum und das Deutsche Reich an Macht gewinnen müssen. Auf dem letzten Kolonial-Kongresse sind diese wichtigsten Gesichtspunkte fast nur wie ein Anhang in den Sektionen 5 bis 7 behandelt worden; und zwei Haupt-Vorträge, der von VIETOR und der vom Baurat GAEDERTZ über »Die Transport-Verhältnisse in den Kolonien«, sind nur in der 5. Sektion, nicht — wie erforderlich — in einer Plenarsitzung verhandelt worden.

und vertreiben. Dazu ist die Selbstverwaltung der Ansiedler in tunlichster Weise zu begünstigen. Sobald hinreichend arbeitende und verantwortungsfähige Elemente irgendwo beisammen sind, sollte deren Selbstverwaltung eingerichtet werden, auch noch über die schon von Professor HELFFERICH[1] vorgeschlagene Reform hinaus. Da, wo sich gröſsere Gemeinden europäischer Ansiedler finden, sollten diese munizipal organisiert werden. Sie sollten möglichst auch durch Bildung von Freiwilligenkorps die Verwaltungskosten für das Reich vermindern.

Gegen den Hauptzweck der Kolonialpolitik, die wirtschaftliche Rentabilität der Länder zu erzielen, hat die Maschinerie der Verwaltung in den Hintergrund zu treten. Es stehen schon in unseren Kolonialdiensten sehr leistungsfähige, hervorragende Beamte und ebenso tüchtige Offiziere. Beide sind uns durchaus unentbehrlich. Aber sie sind nicht Selbstzweck, sondern sie dienen nur dem Zwecke, daſs sich die Privatwirtschaft rentieren kann; und erst aus der Rentabilität der Privatwirtschaft kann die der Staatswirtschaft hervorgehen.

Das wird vielfach verkannt; man überträgt die heimische Bureaukratie auf die überseeischen Verhältnisse, als ob die Deutschen drauſsen auch nur sogenannte »Untertanen« wären, die zum Zwecke des Regiertwerdens da sind. Aber Land und Leute sind der Selbstzweck. Wer nicht mit Hingabe diesem Zwecke dienen will, mag trotzdem wohl als heimischer Beamter noch Verwendnng finden können; aber übersee nicht. Die Anschnauzerei der deutschen »Untertanen« ist dort nicht am Platze, insbesondere dann nicht, wenn sie mit bedientenhafter Nachgiebigkeit, ebenso wie gegen alles »Vorgesetzte«, so auch gegen alles Fremde, sogar gegen Neger und andere Naturkinder, verbunden ist.

---

[1] Prof. Dr. HELFFERICH, »Zur Reform der kolonialen Verwaltungsorganisation«, Berlin 1905. — Es war sehr erfreulich, daſs dem Reichstage am 14. Dezember 1905 noch durch den jüngst verstorbenen Staatssekretär Freiherrn VON RICHTHOFEN die Überzeugung ausgesprochen wurde, daſs die Ansiedler zu einer Art von Selbstverwaltung herangezogen werden müſsten. Wie weit damit schon in unseren verschiedenen Besitzungen begonnen worden ist, stellt HELFFERICH S. 18—22 dar.

Bis zu welchem Grade die Klagen hierüber gerechtfertigt sind, das vermag ich nicht zu sagen. Unwahrscheinlich sind sie nicht. Es kann sich hierbei auch nur um Mifsgriffe der Verwaltung handeln, aber doch um solche, in denen sich der alte Erbfehler beschränkter, unrichtiger Anschauungen zeigt. Dafs Lakaienseelen in Beamtenaufputz unästhetische Erscheinungen sind, darüber wird wohl niemand im Zweifel sein. Man sollte aber ganz besonders vorsichtig sein, dafs nicht solche Männer übersee verwendet werden. — Insbesondere sind dort auch noch solche Männer schädlich, die nicht so viel Nationalgefühl besitzen, dafs sie die damit gegebene Solidarität unter allen Umständen empfinden, — Männer, die nicht einmal so weit das natürlichste Rassegefühl haben, dafs sie unter gewöhnlichen Verhältnissen das Wort eines Deutschen an sich höher schätzen als das eines Negers —, die dem Zeugnis eines Negers eher glauben als dem eines Deutschen. Ist schon ohnehin das wirtschaftliche Vorankommen draufsen an den meisten Orten schwierig, so wird hierdurch jeder Wirtschafts- und Geschäftsbetrieb noch mehr erschwert. Es wird dadurch den Deutschen, ebenso wie anderen Europäern, dort das Leben nur verleidet und verekelt.

4. Die Erziehung der Naturvölker zur Arbeit sollte staatlich organisiert werden. So wie jeder Deutsche zu einem Militärdienste verpflichtet ist, sollte jeder männliche gesunde Eingeborene unserer Besitzungen zu einer fünfjährigen Dienstzeit in wirtschaftlicher Arbeit verpflichtet werden. Dabei sollte ihm nicht nur sein Unterhalt und eine mäfsige Löhnung, sondern auch die seiner Art erwünschte Erholung und Belustigung, soweit angänglich, gesichert werden.

Die Durchführung dieses letzten Punktes ist allerdings eine Frage der geschickten Ausführung durch Männer von Takt und Erfahrung. Sie erfordert auch an den verschiedenen Orten die Anpassung an die Eigenartigkeit gegebener Verhältnisse. Durchführbar ist aber solche »allgemeine Arbeitspflicht« in Länderstrecken, die vollständig unserer Herrschaft unterworfen sind, wohl ebensogut, wie sich tropische Naturvölker zu Soldaten ausbilden lassen. Niemand wird auch wohl bestreiten, dafs wir Deutschen in derartiger organisatorischer Geschicklichkeit den anderen europäischen Nationen überlegen sind [1].

Der Grundsatz, nach dem eine Herrschaft in Naturländern, und so in Afrika, nur durchgeführt und nur aufrechterhalten werden kann, der Grundsatz, nach dem man allein einem Naturlande die Kultur bringen kann, der Grundsatz, nach dem man allein die Eingeborenen erziehen und segensreich fördern kann, ist der des landesväterlichen Zwanges unter unbedingter Herrschaft. Man hat dieses von verschiedenen wohlmeinenden, aber unverständigen Seiten oft bestritten. Man hat es als unrechtmäſsigen Eingriff in die freie Selbstbestimmung der Naturvölker bezeichnet, daſs man sie nicht nur der Herrschaft über ihre weiten Landstrecken beraubte, sondern daſs man dann auch noch diese Naturkinder zur Arbeit anhielte. Diese Einwände sind nur ein Rattenkönig von Unverstand.

Es gibt keinen anderen Weg zur Kultur als durch Arbeit. Das gilt für die Naturvölker ebensogut wie für die Kinder der Kulturvölker. Gern und freiwillig lernt kaum irgendein Kind; und so arbeitet auch der Naturmensch nicht freiwillig. Wenn in Deutschland nicht die allgemeine Wehrpflicht gesetzlicher Zwang wäre, so würden auch wohl nur wenige Deutsche sich der Ausbildung zum Militärdienst unterwerfen. Anderseits soll Löhnung nicht den arbeitenden Negern vorenthalten werden. Aber die Kulturerziehung durch Gewöhnung an nützliche Arbeit kann, sowie die Verwertung von Naturländern, nur auf einer sicher überlegenen Machtgrundlage und nur durch ein Zugreifen mit zielbewuſster fester Hand geschehen [2].

---

[1] Bemerkenswert ist übrigens, wie jetzt schon ähnlich in Rhodesia verfahren wird. Wenn dort ein Unternehmer Arbeiter braucht, wendet er sich an den Commissioner. Dieser läſst an die betreffende Zahl von Eingeborenen Arbeitsscheine (»Permits«) verteilen, denen diese Folge leisten müssen. Der Commissioner schlieſst mit dem Unternehmer den Arbeitsvertrag und unterzeichnet ihn für die Arbeiter, teilt diesen den Inhalt mit und macht ihnen begreiflich, was sie zu tun haben und wohin sie mit dem Arbeitgeber zu gehen haben. Diesem garantiert der Commissioner die Arbeitsleistung seiner Leute, und den Arbeitern garantiert er ihre ordnungsmäſsige Bezahlung und Behandlung. Die Lohnzahlung wird durch den Commissioner besorgt.

[2] Zu diesem Gegenstand kann ich nicht umhin, auf das ein-

Diese Frage der Kultur-Erziehung der Naturvölker ist ein altes Lieblings-Thema meinerseits; und ich bedaure, hier nicht weiter darauf eingehen zu können. Ich habe dies Problem anfänglich in meinem »Ethiopien« behandelt; und schon 1879 haben Herr ADOLF WOERMANN und ich dieses Thema in der Geographischen Gesellschaft in Hamburg mit voller Übereinstimmung erörtert[1].

Wenn ich aber doch zu diesem Gegenstand noch zwei Worte sagen darf, so ist das erste dies, daſs man nicht alle »Schwarzen« unterschiedslos ansehen und behandeln darf. Es sind drei Kulturstufen mehr oder weniger scharf zu trennen: 1. solche Neger, die bereits in Schul-Erziehung einigermaſsen wenigstens den Formen europäischer Kultur angepaſst sind; 2. solche, die wenigstens im Bereiche europäischer Kultur leben, und 3. völlig Wilde. Hier kommt nur die groſse Masse der zweiten Kategorie in Betracht.

Das zweite ist: wenn auch an der relativen Kulturfähigkeit des Negers nicht zu zweifeln ist, so kann er zur Kultur doch erst im Laufe der Jahrhunderte durch die gesetzliche Gewöhnung an nützliche Arbeit erzogen werden. Dabei hat man den Satz festzuhalten: »Der Deutsche hat seinen Schädel, um darin zu denken; der Neger aber hat den Schädel einstweilen, um Lasten darauf zu tragen.« — Doch genug hiervon.

Zum Schlusse bleibt uns nun noch eine Frage übrig, die ganz kurz zu prüfen ist: Warum Weltmacht? Warum wollen oder müssen wir notwendig auch politisch eine Macht ersten Ranges sein? Waren wir nicht als »Volk der

---

dringlichste einen Aufsatz über »Die wirtschaftliche Entwicklung unserer Kolonien« und die Behandlung der Eingeborenen zu empfehlen, den Graf BAUDISSIN im »Tag« vom 4. März d. J. veröffentlicht hat. Jedes darin gesagte Wort trifft meiner Ansicht nach in meisterhafter Kürze stets genau die Punkte, auf die es ankommt.

[1] HÜBBE-SCHLEIDEN, »Ethiopien«, Hamburg 1879, Kap. IV—VII, X, XI und XIV. — Sodann meine Vorträge in der Geographischen Gesellschaft zu Hamburg: »Rentabilität der Kultur Afrikas«, abgedruckt in der »Deutschen Revue«, Berlin 1879, Bd. III Heft 9 S. 367 ff. — Ferner: »Kulturfähigkeit der Neger«, abgedruckt in den »Mitteilungen der Geographischen Gesellschaft zu Hamburg«, 1879, Heft 1. — ADOLF WOERMANN, »Kulturbestrebungen in Westafrika«, abgedruckt in demselben Hefte.

Denker und Dichter« auch zur Zeit des »Deutschen Bundes« die bedeutendste Kulturnation der Erde? Warum sollte es uns nicht genügen, wenn einst schlimmstenfalls das deutsche Volk politisch nur so viel bedeuten würde wie jetzt Dänemark oder Rumänien oder Griechenland ohne Weltwirtschaft und ohne Weltmacht?

Im März des Jahres 1896 stellte im Reichstage der Führer einer grofsen Partei ein Schlagwort auf; im folgenden November eignete sich dies der Führer der ihr scharf entgegenstehenden Partei an. Diese Parteien mögen wieder ungenannt bleiben[1]; das Wort selbst aber mufs hier erwähnt werden, weil es die Frage nach der deutschen Weltmacht in der gröbsten Weise negativ beantwortet. Es lautet: »Solche Weltpolitik ist für den Staat, was der Gröfsenwahn bei einzelnen Personen ist.«

Könnte man sich einen traurigeren Beweis eines entnationalisierten Volkes denken als diese Übereinstimmung von gegnerischen Parteien in der Ablehnung des nationalen Strebens nach Weltmacht und Weltwirtschaft! Gerade diese Lebensfrage der Nation sollte allerdings keine Parteifrage sein, aber doch nur so, dafs jeder Deutsche für, nicht gegen das Deutschtum eintritt. Damals fehlte noch sehr vielen Reichsboten das deutsche Nationalgefühl. Heute kommt dies immer mehr zum Durchbruch. Aber während einerseits diejenigen, die nur um ihre wirtschaftliche Existenz besorgt sind, sich irrtümlich einreden, dafs diese ihnen ohne Deutschlands Weltmacht andauernd gesichert sein könnte, finden sich anderseits noch immer schwachmütige Idealisten, die da meinen: Selbst wenn unsere Nationalität dahinsiechte, so bliebe uns doch noch das Höchste, was wir haben, unsere Geisteskultur!

Das soll den Herren sicher nicht bestritten werden, dafs unsere deutsche Sprache und die ganze Geisteskultur, die mit ihr zusammenhängt, das Höchste und das Gröfste ist, was wir als Deutsche haben, und das Beste, was nur je ein Volk für die Menschheit geleistet hat und leisten kann. Unsere reine Sprache ist, wie keine andere, des vollendetsten Ausdruckes der begeisternden Erhabenheit und der hinreifsenden

---

[1] Das Nähere hierüber findet man ausgeführt bei Professor Dr. Ernst Hasse, »Deutsche Weltpolitik«, München 1897.

Leidenschaft fähig, ebenso wie der lieblichsten Lyrik und der zartesten Gemütstöne voll wärmster Innigkeit. Des sind besonders die Erzeugnisse des deutschen Geistes in den letzten zwei Jahrhunderten Zeuge, auch nicht nur die unserer Dichter und Denker, sondern weiter auch die unserer Gelehrten auf allen Gebieten der Wissenschaft, in denen Deutschland stets das letzte Wort zu reden hat; und unserer Sprache ebenbürtig ist unsere Musik von Beethovens Schöpfungen bis zum einfachsten sinnigen Volksliede. Kein anderes Volk der Jetztzeit leistet annähernd Ähnliches.

Aber wird uns diese Geisteskultur »bleiben«, wenn wir als Volk wieder in Verfall geraten? Das ist die Frage.

Die Geschichte zeigt uns nur zwei Völker, die eine der unserigen ähnliche und verwandte Geisteskultur hatten, das alt-indische und das alt-griechische. Was sind sie jetzt? und was ist jetzt ihre Geisteskultur?

Indiens Gröſse, deren letzter Höhepunkt Aszokas Reich war, starb dahin mit seiner politischen Macht. Seine Geisteskultur schwebt nur wie ein Schatten um die lebensfrische Herrschaft der Engländer dort.

Griechenlands Kultur war die Lehrmeisterin der römischen; und sie war auch vielleicht die einzig wirkliche Geisteskultur, die überhaupt die Römer hatten. Sogar ihre Rechtsbildung holten die Römer sich ursprünglich von den Griechen. Aber diese büſsten ihre Freiheit und politische Selbständigkeit durch die steten Zwistigkeiten zwischen Sparta und Athen ein. Hellas wurde von Rom absorbiert; und die Hellenen wurden zu Hauslehrern, Kunstsklaven, Betriebsgehilfen und Unterbeamten der römischen Aristokraten.

Ähnlich ward das deutsche Volk zur Zeit des alten »Bundes« geistig, ebenso wie wirtschaftlich, mehr und mehr von Frankreich und von England abhängig. In der englischen Weltwirtschaft wurden mit Vorliebe Deutsche als Handlungsgehilfen, Lehrer und Unterbeamte verwendet. — Freilich ward es einmal doch den Deutschen durch ihr Denken und ihr Dichten möglich, sich über den alten Gegensatz zwischen den Norddeutschen und den Süddeutschen hinwegzusetzen und sich zur politischen Einigkeit aufzuschwingen. Würde aber jetzt das deutsche Volk politisch wieder fallen, würde es die Weltmacht einbüſsen, so würde auch sein Dichten und sein Denken schwinden. Würde

Deutschland gegenüber der angelsächsischen Welt wieder zu einem minderwertigen Kleinstaate hinabsinken, so würde mit dem Deutschen Reiche auch die deutsche Geisteskultur ihr frisches Leben einbüſsen. Sie würde in dasselbe Schattenreich hinabsteigen, in dem Lykurg und Solon, Perikles, Platon und Aristoteles begraben sind.

Nicht die Höhe und die Tiefe einer Geisteskultur sichern ihr die fortdauernde Herrschaft in der Welt. Nicht ihre Gröſse, ihre Weite, ihre Feinheit, ihre Schönheit sichern ihr und ihrer Sprache das lebendige Fortwirken in der Menschheit. Nur ein groſses, reiches, weltmächtiges Volk kann seine Geisteskultur andauernd vor der Vernichtung wahren. Dazu sollten wir das Wort beherzigen, mit dem uns Goethe durch den Mund des sterbenden »Faust« mahnt:

»Das ist der Weisheit letzter Schluſs:
Nur der verdient sich Freiheit, wie das Leben,
Der täglich sie erobern muſs.«

Anhang.

Motive
zu einer überseeischen Politik Deutschlands,

(abgedruckt in der »Kölnischen Zeitung«, erstes Blatt, vom 4. August 1881).

Die andauernde Ungunst der wirtschaftlichen Lage unseres Vaterlandes,
die ungenügende Zunahme des Absatzes unserer Industrie,
die mehr und mehr abnehmende Rentabilität der Kapitalanlagen innerhalb unseres gegenwärtigen Wirtschaftsgebietes,
die Überfüllung aller Erwerbszweige mit tüchtigen Kräften, welche daheim keine Verwendung mehr finden können,
die steigende Unzufriedenheit der meisten Berufskreise, namentlich des Arbeiterstandes, mit dem Ertrage und Erfolge ihrer Arbeit,
die zunehmende Not unseres Mittelstandes und das immer stärkere Anwachsen unseres Proletariats,
die drohenden Übelstände unseres Volkslebens, veranlafst durch solche gedrückten Wirtschaftsverhältnisse,
die jährlich wachsende Zahl solcher Verbrechen, die im wesentlichen auf Erwerbslosigkeit und Verzweiflung zurückzuführen sind,
die immer mehr überhand nehmende Entfremdung unserer niederen Volkskreise von dem gesunden Streben nach selbständiger Gestaltung und Siche-

rung ihrer eigenen Lebensexistenz, sowie ihr abnehmendes Vertrauen in die eigene wirtschaftliche Kraft,

die fortwährend mit Verbitterung wühlende sozialdemokratische Bewegung,

die Abnahme der Tatkraft und des Unternehmungsgeistes, des sittlichen Ernstes und des ideellen Strebens auch in den gebildeten Kreisen unseres Volkes,

die schädlichen Wirkungen unserer Auswanderung,

die Entziehung von vielen Milliarden Mark an Vermögens- und Arbeitswert unserer Nation durch Auswanderung,

die Beeinträchtigung unseres Volkes um einen Teil seiner gesunden und tüchtigen Kräfte unter Zurücklassung der schwächeren und ärmeren Bevölkerung,

die vielfach bis zur wirtschaftlichen und politischen Feindschaft gesteigerte Entnationalisierung dieser auswandernden Volksmassen,

die Stärkung der fremden, mit uns konkurrierenden Nationen, meist englischen Stammes, durch diese deutschen Arbeits- und Kulturkräfte und die dadurch bewirkte Erschwerung unserer Konkurrenz,

die Gefahr für unsere Nationalität, hinter den englisch redenden Völkern, die sich mehr und mehr über die ganze Welt ausbreiten, an weltwirtschaftlicher und kulturpolitischer Bedeutung zurückzubleiben,

die immer schärfer hervortretenden Schattenseiten unserer ungünstigen geographischen Lage für die Teilnahme an den unmittelbaren Vorteilen der Weltwirtschaft und an den grofsen, praktischen Aufgaben der Zivilisation in der aufsereuropäischen Welt:

diese Tatsachen sind es vornehmlich, welche uns unabweislich auf die Bahn einer überseeischen Politik hindrängen.

Solche bedenklichen Erscheinungen auf dem Gebiete unseres nationalen Lebens und Wirkens können nicht allein durch die Förderung der inneren Entwicklung unserer Nation gehoben werden; es bedarf dazu gleichzeitig einer geeigneten Ausdehnung unseres Wirtschaftsgebietes, einer Hebung unseres aktiven Exporthandels und Erweiterung unserer Welthandels-Verbindungen,

einer rentablen Verwendung unseres Überschusses an Kapital, Intelligenz und Arbeitskräften in jungen, noch wenig oder gar nicht ausgebeuteten, überseeischen Ländern,

eines regen wirtschaftlichen und geistigen Verkehrs solcher Länder mit unserem Vaterlande, eines lebhaften Austausches materieller und ideeller Güter zwischen beiden,

einer Auffrischung unseres Volkslebens durch Eröffnung eines freien Blickes über das Weltmeer, Anregung eines lebendigen Verständnisses für aufsereuropäische Verhältnisse, Weckung der Unternehmungslust und des Welthandelsgeistes unserer Nation,

einer Regeneration unserer zur Einseitigkeit neigenden Volkskreise durch die von den überseeischen Gebieten heimkehrenden Angehörigen, einer praktischen Erweiterung des geistigen Horizontes auch unserer theoretisch gebildeten Gesellschaftsklassen, Ergänzung unserer Vielwisserei durch vermehrte Erfahrung,

einer Organisation unserer Auswanderung zum Zwecke der Deutsch - Erhaltung möglichst vieler dieser Kräfte, einer Begründung deutscher Kultur und deutscher Interessen in günstigen überseeischen Ländern, einer Kräftigung unserer Nationalität und Stärkung unseres nationalen Einflusses durch Gewinnung solcher neuen Stützpunkte in wichtigen Teilen der überseeischen Welt.

Es ist nicht die Absicht einer deutschen überseeischen Politik, unsere Auswanderung zu fördern; es ist vielmehr nur ihr Zweck, diesen Abflufs unserer Produktionskräfte in seinen nachteiligen Folgen für unsere Volkswirtschaft zu mindern, diesen Abbruch unseres Volkslebens in eine Wohltat zu verwandeln und den Wandertrieb unseres Volkes auch für die Daheimbleibenden zum Segen zu wenden, indem das gesamte Wirtschaftsleben unserer Nation, der materielle Wohlstand und die geistige Wohlfahrt aller Berufskreise durch die direkten und indirekten Wirkungen solcher überseeischen Politik gehoben wird.

Ist freilich unzweifelhaft die unserem Vaterlande verloren gehende Auswanderung eine beklagenswerte Tatsache, so kann doch objektiv betrachtet die eigentliche Ursache dieser Erscheinung nur als eine höchst erfreuliche bezeichnet werden. Es ist dieses unser starker und gesunder Volkszuwachs.

Die Manneskraft einer Nation ist die erste und wichtigste Grundlage ihrer Produktivität wie ihres Wohlstandes, ihrer Sicherheit und ihres Ansehens unter ihren Nachbarvölkern. Die in so grofser Zahl nachwachsenden, starken Arme unseres Volkes, geleitet von dessen nicht minder zunehmender Intelligenz, das sind die gediegenen Grundlagen unseres Ackerbaues wie unserer Industrie, unserer Handelsschiffahrt und unserer Kriegsflotte, sowie unseres wohl organisierten Heeres. — Zum Nachteil und zur drohenden Gefahr für unsere Nation wird dieser riesige Kräftezuwachs nur dadurch,

dafs wir ihn sich fast ausschliefslich in das heimische Wirtschaftsgebiet einzwängen lassen,

dafs wir dadurch die Konkurrenz aller materiellen und geistigen Kräfte in unserem Vaterlande bis zu einem gefahrdrohenden Mafse sich steigern sehen,

dafs wir bisher uns aufserstande finden, diesen Kräften, die wir durch tüchtige Schulung in jeder Richtung leistungsfähig zu machen bestrebt sind, auch dementsprechende Erwerbs-Möglichkeiten innerhalb der engen heimischen Verhältnisse zu bieten,

dafs wir die besten Überschüsse unserer Manneskraft durch unsere Auswanderung an die mit uns konkurrierenden Nationen abgeben und dadurch deren Produktionskraft und deren Kultur — uns selbst zu immer gröfserem Nachteil — fördern.

Es sind meistens nicht die schlechtesten Kräfte unseres Volkes, die sich übersee hinauswagen. Schon der Entschlufs zu solchem entscheidenden Schritte setzt einen bedeutenden Grad von Energie und Selbständigkeit des Charakters voraus; die Ausführung des Schrittes erfordert immerhin auch nicht ganz unbedeutende Mittel.

So sind in vielen Jahrzehnten von den verschiedenen Generationen unseres Volkes vielfach die besseren Kräfte uns verloren gegangen; die schlechtesten Elemente aber blieben mit zurück und halfen einen Nachwuchs zeugen, der seinen Eltern gleicht. Daher der in unserem Volke mehr und mehr gesteigerte Drang nach Bevormundung und übertriebener Hilfe der Staatsgewalt; daher die schwächliche Abnahme des Triebes nach Selbständigkeit; daher die wachsende Verzweiflung an der eigenen Kraft des Einzelnen.

Auch aus England war und ist die Auswanderung nicht minder stark als die aus unserem eigenen Vaterlande; in der britischen Nation aber begegnen wir solchen Erscheinungen nicht. Die nationale Entwicklung der Expansionskraft dieses Volkes hat bei ihm stets die Kulturkräfte und den Wohlstand der Nation viel schneller und in weit gröſserem Maſse gehoben, als sich irgendwelche Nachteile eines solchen Kräfte-Abflusses für das Stammland geltend machen konnten.

England ist bis heute der tragende Mittelpunkt des Weltverkehrs. Sobald aus irgendeinem Teile unseres Erdballs neue Nachrichten über günstige Chancen in dem einen oder anderen Lande einlaufen, sogleich regen sich die wirtschaftlichen Kräfte des Landes. Es beginnt eine den Verhältnissen entsprechende Auswanderung dorthin; Kapitalisten und junge Unternehmer sind stets bereit, die besten Vorteile von der Ausbeutung eines solchen Landes für sich zu gewinnen. Die Deutschen aber folgen ihnen bisher fast überall nur als ihr Schatten.

Das muſs anders werden, will Deutschland nicht seine wirtschaftliche und kulturelle Selbständigkeit gefährden.

Die eminenten Vorteile der überseeischen Politik treten uns in unverkennbarster Weise entgegen an der bisherigen Entwicklung und dem heutigen Wohlstande Englands im Vergleich zu denen anderer europäischer Länder, insonderheit Deutschlands.

Die statistische Vergleichung lehrt[1]:

---

[1] Dies Alles ist eingehend nachgewiesen in meiner „Überseeischen Politik, eine kulturwissenschaftliche Studie mit Zahlenbildern“, Hamburg 1881.

die Gesamtausfuhr der Nationen nimmt zu im wachsenden Verhältnisse der Volkszahl ihrer überseeischen Gebiete zu der Volkszahl ihrer Stammländer;

die überseeischen Wirtschaftsgebiete einer Nation sind in jeder Hinsicht (quantitativ und qualitativ) die besten und sichersten Kunden ihrer Industrie;

gleiche Sprache und gleiche Nationalität sind das stärkste und weitest tragende Band kommerzieller Verbindungen; sie bedingen bei allen normal entwickelten Nationen die Vorhand im Welthandel;

der Bruttogewinn im überseeischen Handel verhält sich zu dem des europäischen Handelsverkehrs ungefähr wie 29 : 17;

die Rohproduktion in überseeischen Naturländern ist mindestens doppelt so rentabel wie in den älteren Kulturländern Europas;

sonderlich die Kultivation der Tropenländer und ihrer Naturvölker ist durchweg noch gewinnbringender, entwicklungsfähiger und von länger andauerndem Vorteil für das Stammland als eigentliche Kolonisation, d. h. Ansiedlung unserer eigenen Arbeitskräfte als Stamm der Bevölkerung in Ländern mit gemäſsigtem Klima;

die überseeische Politik einer Nation steigert deren Wohlstand im Verhältnisse zur Ausdehnung, Energie, Geschicklichkeit und Kosten-Aufwendung, mit denen sie betrieben wird;

unter übrigens gleichen Verhältnissen wächst der Wohlstand der verschiedenen Nationen, die gleich stark und tüchtig sind auf dem Gebiete der inneren Kultur-Entwicklung, im Verhältnisse ihrer Leistungen an äuſserer Kultur-Entwicklung.

Während der Umsatz des deutschen Handels mit überseeischen Ländern im vorigen Jahrzehnt (1868—1877) sich kaum auf 750 Millionen Mark per Jahr belief, erreichte derjenige Groſsbritanniens den Wert von fast 8000 Millionen Mark jährlich[1], und der Totalgewinn auf diesen letzteren Um-

[1] »Überseeische Politik«, S. 25, Tabelle 10.

satz betrug durchschnittlich per Jahr mindesten 1500 Millionen Mark[1].

Den reichsten Nutzen und das gröfste Ansehen geniefst England durch den Besitz Britisch-Indiens. Der rein materielle Vorteil, den die britische Nation aus seiner Herrschaft über dieses alte Wunderland alljährlich zieht, war schon 1877 auf 600 Millonen Mark zu schätzen[2].

Ganz diesen günstigen Verhältnissen entsprechend hat England auch gestrebt seinen höheren, ideellen Aufgaben im Kreise der Zivilisation gerecht zu werden. Die Unterdrückung des Sklavenhandels und die Aufhebung der Negersklaverei verdankt die Menschheit im wesentlichen der britischen Nation.

Noch gröfsere und weit bedeutendere Kultur-Aufgaben als diese harren ihrer Lösung durch die zu Trägern des Kultur-Fortschritts berufenen Nationen. Um keine einzige derselben werden wir uns das entscheidende Verdienst erwerben können ohne eine mit Energie und Erfolg betriebene überseeische Politik.

Solchen Aufgaben mufs Deutschland nachstreben, indem es auf diesem Wege zugleich seinen eigenen wirtschaftlichen, kulturellen und nationalen Bedürfnissen gerecht wird!

Der Besitz einer Achtung gebietenden Flotte erleichtert uns die Durchführung dieser Bestrebungen; und auch diese unsere Seemacht selbst findet ihre fernere Entwicklung und naturgemäfse Verwendung nur im Dienste einer überseeischen Politik.

Alle Kräfte zur Inangriffnahme solcher Politik stehen unserer Nation zu Gebote. Unsere Auswanderung kolonisiert schon jetzt im Dienste fremder Nationen mit dem gröfsten Erfolge. An Überschufs von Kapital fehlt es uns wahrlich nicht, wenn wir uns doch gegenwärtig (1880) veranlafst sehen, sogar die Anleihen finanziell zerrütteter und uns feindlich gesinnter Völker zu decken und zu überzeichnen. Unsere Intelligenz aber wird auch jenen »gröfseren Zwecken sich gewachsen« zeigen.

[1] Ebenda S. 23, Tabelle 8. Der Handelsgewinn betrug durchschnittlich 29 %.

[2] »Weltwirtschaft und die sie treibende Kraft«, S. 26.

Überseeische Politik ist daher das Ziel, welches wir bei jeder sich uns bietenden Gelegenheit im Auge zu behalten haben. Überseeische Politik allein vermag auch erst den Grund zu legen zu einer

Weltmacht Deutschlands!

Barmen, im Juli 1881.

Hübbe-Schleiden, Dr. J. U.

Verzeichnis

der

Kolonialpolitischen Schriften Dr. Hübbe-Schleidens

aus dem Verlage von

L. Friederichsen & Co. in Hamburg (Neuerwall 61),

welche bis auf weiteres
zu den nachstehenden **herabgesetzten** Preisen durch jede größere Buchhandlung oder direkt von der Verlagshandlung bezogen werden können.

Ethiopien. Studien über West-Afrika. 1879. 8°.

418 Seiten, mit einer Karte. Statt 10 M. jetzt 5 M.

Urteile sachverständiger Autoritäten und Preßorgane:

Literarisches Centralblatt Nr. 14, vom 5. April 1879. (Von Geh.-Rat Prof. Dr. Wilhelm Roscher.) ... Das vorliegende Werk verdient warm empfohlen zu werden. Es ist eine wertvolle Bereicherung unserer ethnographischen und handelspolitischen Literatur.... Sein „Ethiopien" kennt der Verfasser zum Teil aus eigener Anschauung; er hat von Juni 1875 bis Juni 1877 zu Gabun gelebt und dann noch bis Dezember 1877 in der französischen Kolonie am Senegal. Sehr interessant ist besonders die Schilderung der jetzigen Handelsverhältnisse in Ethiopien..... Aber auch dem Rechtshistoriker bietet der Verfasser, der offenbar mit guten juridischen Kenntnissen ausgerüstet ist, aus dem Kreise seiner ethiopischen Beobachtungen manche Analogie, die zum lebendigen Verständnisse des Mittelalters wohl verwertet werden kann.... Und bei dem allen ist sein Hauptzweck doch ein praktischer.... Er kennt und anerkennt durchaus, was England so groß gemacht, und möchte es den Deutschen zu verständiger Nacheiferung empfehlen: ähnlich, wie es im 17. Jahrhundert Männer wie Sir W. Raleigh, Sir Th. Culpeper, Sir W. Temple, Sir J. Child ihren Landsleuten gegenüber mit dem Vorbilde Hollands machten.

Bedarf Deutschland Kolonien? pag. 99, Gotha 1879. (Von Dr. Friedrich Fabri): „In der Tat eine vortreffliche Studie, die dem Besten, was je über Afrika geschrieben, würdig zur Seite tritt. Der Verfasser bietet hier das Resultat seiner vielseitigen Beobachtungen in ebenso belehrender wie anziehender Weise. Und was seinem Buche besonderen Wert verleiht, ist die durchaus praktische Tendenz, die seine Darlegungen für jede Unternehmung in Mittelafrika zu einem sehr brauchbaren Hilfsmittel macht. Vielfache Studien zum Verständnisse kolonialer Politik und der mit ihr unmittelbar zusammenhängenden wirtschaftlichen Fragen sind verarbeitet, und was der Verfasser über die klimatische Beschaffenheit, über die kulturellen und kommerziellen Verhältnisse, was er über den Neger, seine Natur und Behandlung, seine Erziehung zur Arbeit sagt, zeugt ebensosehr von treffender Beobachtungsgabe wie von wohlwollendem und klarem Urteil."

Deutsche Rundschau, V pag. 487, vom 18. Juni 1879. (Von A. Lammers.) .... Eine Skizzenreihe von außerordentlichem Werte. Es gibt in unserer Sprache nicht viel, was dieser Leistung gleichkäme oder gar sie überträfe.... Dr. Hübbe-Schleiden sah und hörte in Afrika mit mehr Sinnen, als sonst selbst die besten Beobachter pflegen.... Es ist ein wahrer Genuß, mit Dr. Hübbe durch die äußeren Praktiken westafrikanischen Tauschhandels, welche er ergötzlich und durchsichtig darstellt, vorzudringen zu den ihnen zugrunde liegenden Rechtsanschauungen des Negers....

Überseeische Politik, eine kulturwissenschaftliche Studie mit Zahlenbildern. Erster Teil. 1881. 8°. 273 Seiten. Statt 6 M. jetzt 3 M.

Überseeische Politik. Zweiter Teil. **Kolonisations-Politik und Kolonisations-Technik.** Eine Studie über Wirksamkeit und Rentabilität von Kolonisations-Gesellschaften. 1883. 8°. 205 Seiten. Statt 5 M. jetzt 3 M.

Urteile sachverständiger Autoritäten und Preſsorgane:

Norddeutsche Allgem. Zeitung Nr. 550, vom 24. November 1880. .... Es erscheint so recht eigentlich als Aufgabe der Presse, die in dem neuen Werke gesammelten Werte populär, sie der Gesamtheit zugänglich zu machen! Indem wir diese journalistische Ehrenpflicht gegenüber der jüngst erschienenen Studie von Dr. Hübbe-Schleiden, deren Titel wir an die Spitze dieser Besprechung gestellt, erfüllen, begrüßen wir das hochbedeutsame Werk als eine überaus wertvolle Bereicherung unserer handelspolitischen Literatur, dem jedenfalls dieselbe Anerkennung sicher ist, welche die analogen Studien desselben Gelehrten über West-Afrika hervorriefen.... Möge das ausgezeichnete Werk dazu beitragen, den Sinn für die nationalen Aufgaben, die auch jenseits des Ozeans unserm Volke beschieden sind, in den weitesten Kreisen zu klären! An die nationale Presse aber ergehe der Mahnruf, nach ihren Kräften den tüchtigen Kämpfer zu unterstützen und die Kenntnis und möglichste Verbreitung des Buches zu fördern.

Jahrbuch für Gesetzgebung, Verwaltung und Volkswirtschaft im Deutschen Reich, herausgegeben von Prof. Gustav Schmoller, pag. 241 und 244 f., I. Heft, 1881. .... Soweit der Hauptinhalt des Buches, das begeistert und teilweise glänzend geschrieben, jeden Leser fesseln wird. Es tritt uns ein großer, weiter Blick, eine umfassende Bildung und vor allem ein energischer Wille entgegen. Auch die handelsstatistische Leistung ist von Wert; wir haben bis jetzt nichts Ähnliches. .... Aber nicht darin liegt die eigentliche Bedeutung des Buches, sondern darin, daß es eine Tat ist und Taten fordert. Es ist eine Parteischrift; ihr praktisches Ziel ist ihr die Hauptsache. Mächtig rüttelt sie das Gewissen und den Blick der Deutschen auf, um ihnen vorzuhalten, wohin wir streben müssen.

Kölnische Zeitung Nr. 38 vom 7. Februar 1881. Dr. Hübbe-Schleiden, der Verfasser der sehr lehrreichen Schrift „Ethiopien", bietet uns in seinem neuesten Werke „Überseeische Politik" sehr viel des beachtenswerten Materials.... Man muß sich ein wenig in das Buch hineinarbeiten, dann empfangen diese Zahlen ein eigentümliches Leben und entrollen vor unserm Auge die gediegene Frucht eines emsigen, unermüdlichen Schaffens....

Der bedeutendste Teil des Werkes ist unzweifelhaft derjenige, welcher sich mit den Begriffen Kolonisation und Kultivation beschäftigt. . . . Wir hoffen, daß Hübbe-Schleidens Buch mit dazu beiträgt, diese große Aufgabe zu lösen; jedenfalls verdient es die ernstlichste Beachtung.

(Augsburger) **Allgemeine Zeitung**, Beilage zu Nr. 53 vom 22. Februar 1881. . . . . Dr. Hübbe-Schleiden kann das Verdienst einer . . . . neuen Begründung dieser Ansichten bei warmer, oft geradezu hinreißender Darstellung beanspruchen. Wir finden aber den eigentlichen Wert seines Buches noch in ganz anderer Richtung; erstens in dem scharfen Unterschiede, welcher im Hinblick auf Deutschlands Interesse zwischen Kolonisation und Kultivation gemacht wird, und dann in der Hinweisung auf Afrika, das in der Tat mehr als jeder andere Erdteil berufen scheint, uns ein fruchtbares Feld großer überseeischer Politik darzubieten. . . . Wir gestehen, so sehr uns die allgemeinen Darlegungen des Buches an einigen Stellen fesselten, hier erst wird unsere Teilnahme warm, die sich auf ein ganz bestimmtes Ziel hingelenkt sieht. . . .

Deutsche Kolonisation. Eine Replik auf das Referat des Herrn **Dr. Fr. Kapp** über Kolonisation und Auswanderung. 1881. 8°. 132 Seiten. Statt 3 M. jetzt 2 M.

Urteile der Presse:

Die Post Nr. 76 und 77, vom 18. und 19. März 1881. Noch niemals haben wir den tiefgehenden Zwiespalt der alten und der neuen Richtung so trefflich, milde und ruhig dargestellt gefunden wie in einem soeben erschienenen Buche des ausgezeichneten Verfassers der „Überseeischen Politik“, Herrn Dr. jur. Hübbe-Schleiden, „Deutsche Kolonisation“. Das einleitende Kapitel seines die größte Aufmerksamkeit verdienenden Werkes ist der kommenden Generation gewidmet . . . . der Schluß derselben schildert in beredten Zügen das Programm unserer nationalen Aufgaben.

Neue Hannoversche Zeitung Nr. 79 vom 4. April 1881. . . . eine höchst interessante und anregende Schrift. . . .

Leipziger Zeitung Nr. 72 vom 25. März 1881. . . . . Es würde hier zu weit führen aus der reichen Fülle fruchtbarer Gedanken, die das Buch dem Leser darbietet, einzelnes herauszugreifen; man muß es ganz lesen, um sich einen Begriff zu machen von dem, was die junge Generation will. Mag auch das deutsche Philistertum dabei die Köpfe schütteln und von Phantasterei reden — das ist doch nur eitel Phrase; das junge aufwärtsstrebende Geschlecht hat keine Zeit und Lust mehr, der Phrase zu huldigen.

Weltwirtschaft und die sie **treibende Kraft.** 1882. 8°. 30 Seiten. Statt 0,75 M. jetzt 0,50 M.

Altenburg (S.-A.)
Piererssche Hofbuchdruckerei
Stephan Geibel & Co.

FSC
www.fsc.org
MIX
Papier | Fördert gute Waldnutzung
FSC® C083411

Zeitfracht Medien GmbH
Ferdinand-Jühlke-Straße 7
99095 Erfurt, Deutschland
produktsicherheit@kolibri360.de